国家“十二五”重点图书出版规划项目
国家科技部: 2014年全国优秀科普作品

新能源在召唤丛书

XINNENGYUAN ZAIZHAOHUAN CONGSHU
HUASHUO TAIYANGNENG

话说太阳能

翁史烈 主编 张 辉 著

GEP 广西教育出版社

出版说明

科普的要素是培育，既是科学知识、科学技能的培育，更是科学方法、科学精神、科学思想的培育。优秀科普图书的创作、传播和阅读，对提高公众特别是青少年的素质意义重大，对国家、民族的和谐发展影响深远。把科学普及公众，让技术走进大众，既是社会的需要，更是出版者的责任。我社成立 30 多年来，在教育界、科技界特别是科普界的支持下，坚持不懈地探索一条面向公众特别是面向青少年的切实而有效的科普之路，逐步形成了“一条主线”和“四个为主”的优秀科普图书策划组织、编辑出版的特色。“一条主线”就是：以普及科学技术知识，弘扬科学人文精神，传播科学思想方法，倡导科学文明生活为主线。“四个为主”就是：一、内容上要新旧结合，以新为主；二、形式上要图文并茂，以文为主；三、论述上要利弊兼述，以利为主；四、文字上要深入浅出，以浅为主。

《新能源在召唤丛书》是继《海洋在召唤丛书》《太空在召唤丛书》之后，我社策划组织、编辑出版的第三套关于高科技的科普丛书。《海洋在召唤丛书》由中国科学院王颖院士担任主编，以南京大学海洋科学研究中心为依托，该中心的专家学者为主要作者；《太空在召唤丛书》由中国科学院庄逢甘院士担任主编，以中国航天科技集团旗下的《航天》杂志社为依托，该社的科普作家为主要作者。这套《新能源在召唤丛书》则由中国工程院翁史烈院士担任主编，以上海市科协旗下的老科技工作者协会为依托，该协会的会员为主要作者。前两套丛书出版后，都收到了社会效益和经济效益俱佳的效果。《海洋在召唤丛书》销售了 5 千多套，被共青团中央列入“中国青少年 21 世纪读书计划新书推荐”书目；《太空在召唤丛书》销售了 1 万多套，获得了科技部、新闻出版总署（现国家新闻出版广电总局）

颁发的全国优秀科技图书奖，并被新闻出版总署（现国家新闻出版广电总局）列为“向全国青少年推荐的百种优秀图书”之一。这套《新能源在召唤丛书》出版 3 年多来不仅销售了 3 万多套，而且显现了多媒体、多语种的融合，社会效益非常显著：

——2013 年被增补为国家“十二五”重点图书出版规划项目；

——2014 年被科技部评为全国优秀科普作品；

——2015 年被广西新闻出版广电局推荐为 20 种优秀桂版图书之一；

——2016 年其“青少年新能源科普教育复合出版物”被列为国家“十三五”重点图书出版规划项目，摘要制作的《水能概述》被科技部、中国科学院评为全国优秀科普微视频；其中 4 卷被广西新闻出版广电局列入广西农家书屋推荐书目；

——2017 年其中 2 卷被国家新闻出版广电总局列入全国农家书屋推荐书目，4 卷被广西新闻出版广电局列入广西农家书屋推荐书目，更有 7 卷通过版权贸易翻译成越南语在越南出版。

我们知道，新能源是建立现代文明社会的重要物资基础；我们更知道，一代又一代高素质的青少年，是人类社会永续发展最重要的人力资源，是取之不尽、用之不竭的“新能源”。我们希望，这套丛书能够成为新能源时代的标志性科普读物；我们更希望，这套丛书能够为培育科学地开发、利用新能源的新一代建设者提供正能量。

广西教育出版社

2013 年 12 月

2017 年 12 月修订

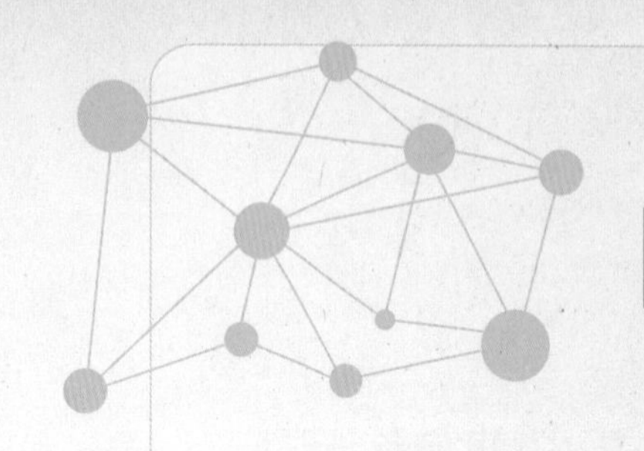

主编寄语

建设创新型国家是中国现代化事业的重要目标，要实现这个宏伟目标，大力发展战略性新兴产业，努力提高公众的科学素质，坚持做好科学普及工作，是一个重要的任务。为快速发展低碳经济，加强环境保护，因地制宜，积极开发利用各种新能源，走向世界的前列，让青少年了解新能源科技知识和产业状况，是完全必要的。

为此，广西教育出版社和上海市老科技工作者协会合作，组织出版一套面向青少年的《新能源在召唤丛书》，是及时的、可贵的。两地相距两千多公里，打破了地域、时空的限制，在网络上联络而建立合作关系，本身就是依靠信息科技、发展科普文化的佳话。

上海市老科技工作者协会成立于 1984 年，下设十多个专业协会与各工作委员会，现有会员一万余人，半数以上具有高级职称，拥有许多科技领域的专家。协会成立近 30 年来开展了科学普及方面的许多工作，不仅与出版社合作，组织出版了大量的科普或专业著作，而且与各省、市建立了广泛的联系，组织科普讲师团成员应邀到当地讲课。此次与广西教育出版社合作，出版《新能源在召唤丛书》，每一册都是由相关专家精心撰写的，内容新颖，图文并茂，不仅介绍了各种新能源，而且指出了在新能源开发、利用中所存在的各种问题。向青少年普及新能源知识，又多了一套优秀的科普书籍。

相信这套丛书的出版，是今后长期合作的开始。感谢上海老科协的专家付出的辛勤劳动，感谢广西教育出版社的诚恳、信赖。祝愿上海老科协专家们在科普写作中快乐而为、主动而为，撰写出更多的优秀科普著作。

翁史烈

2013年11月

主编简介

翁史烈：中国工程院院士。1952年毕业于上海交通大学。1962年毕业于苏联列宁格勒造船学院，获科学技术副博士学位。历任上海交通大学动力机械工程系副主任、主任，上海交通大学副校长、校长。曾任国务院学位委员会委员，教育部科学技术委员会主任，中国动力工程学会理事长，中国能源研究会常务理事，中欧国际工商学院董事长，上海市科学技术协会主席，上海工程热物理学会理事长，上海能源研究会副理事长、理事长，上海市院士咨询与学术活动中心主任。

写在前面

20世纪后期以来，随着对原有各种能源的消耗越来越多，而所剩余的化石能源越来越少，加上对环境的恶劣影响日益严重，形成了人所共知的“能源危机”，因此人类对新能源的期盼愈加迫切。科学技术界努力加紧对各种新能源开发利用的研究，迄今为止可以说是硕果累累。

对各种新能源的利用，关键之一是控制生产的成本，如何尽可能不高于化石能源的使用成本；之二是如何尽可能减少对环境造成不利的影响；之三是如何避免或降低由于自然因素的影响而造成能量输出的不稳定，例如时高时低、忽高忽低的问题。

太阳能是新能源中比较突出的一种。首先是它的资源总量巨大，其次它是多种新能源之母，例如水能、风能等都源于太阳能的转化，因此对太阳能的研究特别引人注目，而难点在于如何最有效地解决白昼与黑夜的平衡。

目前对太阳能的利用，多数是采用光伏发电，并且多数是依赖硅晶体，转化效率不高，一方面是局限于硅晶体的性能与成本，另一方面是硅晶体只限于以可见光的转化为主，对太阳辐射的其余部分没有充分利用。人们正期待对太阳能的利用有新的突破。

目前全世界对太阳能的开发和利用虽然取得了一定的成果，但仍应认为尚处于起步阶段，从这个角度出发，还有待后来者去

作出新的贡献。

希望读者能够通过本书，对太阳能有初步的认识，能够产生兴趣，从而逐步深入地去了解太阳能、更好地利用太阳能。

张辉

2013年7月

目录
Contents

目录
Contents

目录
Contents

开头的话

太阳长久地照耀着地球，由于地球在太阳系中处于适中的位置，存在大面积的海洋，在阳光雨露长期的“哺育”下，原始生命出现了，并逐步进化。人类的出现要晚于许多其他生物，人类诞生后便接受阳光的恩赐，并使阳光为其服务。

自从发生了从猿到人的进化，人就脱离了动物的境界，出现了早期智人，开始制作与利用工具，乃至发明了取火。几万年前进化为晚期智人，具有现代人的特征。冬日晒太阳取暖就是对太阳能的利用，这是许多动物都具有的本能。但智人开始利用太阳晒干剩余的食物和种子，晒干蔽体的兽皮和植物，晒干粗糙的陶胚，则是对太阳能更加积极的利用。一个革命性的跃进，是在人类开始懂得种植，从通过狩猎、采集取得食物逐步改变为以种植农作物为主。虽然当时人类对光合作用一无所知，但他们已经知道阳光雨露对农作物的重要性，并主动地利用太阳的能量。只是在很长的时间里，他们对太阳能的利用还主要局限于农业生产。

古人对太阳缺乏科学的认识，但他们知道太阳是那样的明亮、温热，没有太阳就不可能有作物的生长；而干旱时，太阳却又会把植物晒死，让水塘干涸。太阳对地球和人类的影响如此巨大，甚至可以说是“生杀予夺”，这让人类切实感受到了太阳的威力，并意识到太阳不可替代，于是把它放到了至高无上的位置，对其顶礼膜拜，同时也有所畏惧。

自古以来，几乎所有的民族都把太阳作为神来崇拜，并产生了各式各样关于太阳的传说与神话。太阳崇拜是古代人类最为普遍的宗教信仰，体现了人类对太阳的敬畏与感恩。人类学家泰勒曾说："凡是有太阳照耀的地方，均有太阳崇拜存在。"关于太阳的神话是世界各民族神话中不可或缺的一个组成部分。

一　我国有关太阳的传说与神话

羲和的传说。传说羲和国中有个女子名叫羲和，她是帝俊之妻，生了十个太阳。"太阳之母"就是关于羲和的传说之一。又一传说为羲和是太阳的赶车夫，《楚辞·离骚》说："吾令羲和弭节兮，望崦嵫而勿迫。"（弭：mǐ　平息。崦嵫：yānzī　古代指太阳落山的地方）诗句的意思是：我让羲和从容地赶着马车，和太阳一起走在归家的路上。我国山东省日照市，得名于"海上日出，曙光先照"，日照地区的太阳崇拜习俗以天台山下太阳节（老母庙庙会）历史最为悠久，规模最为宏大，影响最为广泛。那里确实有一个羲和部落遗址，位于东海之滨的山东省日照市汤谷太阳文化源旅游风景区。景区内的天台山上，留有太阳神

羲和

石、太阳神陵、老母庙、老祖像、观测天文的石质日晷、祭祀台等。(来自 http://baike.baidu.com/view/13718.htm）另一传说中，羲和则是黄帝时代中国掌管天文历法的人。

夸父追日。这个传说可能比羲和的传说更早。传说中的夸父是一个巨人，他不自量力，想要追上太阳。他双耳挂两条黄蛇、手拿两条黄蛇，去追赶太阳。当他到达太阳将要落入的禺谷时，觉得口干舌燥，便去喝黄河和渭河的水，河水被他喝干后，口渴仍没有止住。他想去喝北方大湖的水，还没有走到，就渴死了。（来自 http://baike.baidu.com/view/33954.htm）后来“夸父追日”也常被用来形容不自量力。

后羿射日。传说古时候，天上出了十个太阳，庄稼都枯死了，民不聊生。当时有个名叫后羿的人（据说是嫦娥的丈夫），力大无穷，并精于射箭。天帝就命他去解决，他张弓搭箭射落了其中的九个太阳，留下一个，使其造福于民。

我国三星堆出土的崇拜太阳神的金箔

二　其他民族有关太阳的传说与神话

按理来说，太阳是“阳”的极点，习惯上应该与男性相联系，但不知是什么原因，包括上述的羲和在内，许多民族传说中的太阳神大多是女性。例如，我国傣族有太阳公主的神话，仡佬族有“月兄日妹”之说，彝族有太阳妹、月亮哥的神话。在美洲的印第安人中也产生过女性太阳神话。一个可能的原因是与这些神话诞生时人类还是母系氏族社会有关。后来，到父系氏族社会时，太阳神就变成以男性为主了，但在日本神话中女性太阳神一直未变。

希腊神话中的太阳神是男性，他是太阳的化身，太阳神的形象为高大魁伟、英俊无须的美男子。

希腊神话中的太阳神

古希腊的太阳神庙

人类毕竟不同于其他生物，人类能够思考，能够学习和研究，对客观事物总会追根究底。随着天文学、物理学研究的发展，人类对太阳的认识逐渐从神话传说中脱离出来。

从 20 世纪开始，由于化石能源接近枯竭，并在其消耗过程中对环境造成严重影响，发展下去很可能威胁到人类自身的生存，于是人们着力于开发绿色能源。太阳能不仅资源非常丰富，可以直接利用，而且是许多绿色能源之源，因此特别引起人们的重视。对太阳能的利用，在近短短的几十年间迅速发展，在一定程度上解决了不断增长的能源需求问题。我们相信，太阳能与其他绿色能源一起，一定能替代化石能源，使人类进入能源利用的新世纪。作为进一步的设想，人们甚至希望利用太阳能把自己送上宇宙空间。这方面的学问还很多，希望读者能从这本书中得到一些启发，继而再进行深入学习研究。

1

第一章
你认识太阳吗

对于我们每个人来说，太阳是再熟悉不过的东西了，它每天东升西落，照耀着世间万物。然而你真的了解它吗？

第一节　太阳与太阳能

一　广袤的宇宙

我们所在的宇宙可以说是无边无际的。经科学家研究发现，宇宙大约诞生于137亿年（地球年）前，当时一个密度极大且温度极高的“奇点”，瞬间发生了大爆炸，宇宙间产生了各种物质（由质子到原子，由轻元素到重元素，由分散到相对聚集），像一个正在充气的气球向四面八方膨胀开去，至今这一过程还在延续。迄今为止，我们运用各种手段所能观测到的最远的星体，离我们有100多亿光年。不过请读者注意，我们看到的是它在100多亿年前的位置，那么“今天（现在）”它在哪里？这是一个难而又不难的问题。

科学家认识到宇宙还在不断膨胀，观察到的各个天体继续离我们远去，所根据的是天体光谱的不断“红移”，“红移”的速度对应离去的速度。

你知道吗

光　年

这是天文学上应用的长度单位，因为宇宙中星球与星球之间的距离是非常远的，如果用普通的长度单位米、千米计算那会是一个非常庞大的数字，所以就用光年。天文学上常用的长度单位有天文单位（太阳与地球的平均距离，简称“AU”，一般以1.5亿千米作为1天文单位）、光年（光线在真空中一年行进的距离，1光年$=9.4653\times10^{12}$千米）、秒差距（周年视差为1秒的距离，1秒差距$=3.2616$光年）。

红　移

可见光包含七种颜色，其中红色光的波长最长（600～700纳米），紫色光的波长最短（400纳米），天体的光谱中如果红色增长（偏向红色移动），说明它是在高速离我们远去。这与声波的多普勒效应（比如离去的火车汽笛声，音调听起来越来越低）相似。

二　太阳与太阳系

茫茫宇宙中存在着大大小小的星系大约有1000多亿个，太阳系所在的银河系可能是比较大的一个星系，太阳位于银河系的第三旋臂中。据估算，银河系内像太阳这样的恒星可能多达2000亿颗，不少恒星周围也有行星。现在我们也可以估算一下宇宙间大约有多少个“太阳”了，如果是$1000\times10^{8}\times2000\times10^{8}$，那是多少呢？你可以很快地回答：等于$2\times10^{22}$。由此可见，太阳在宇宙间也就差不多相当于沙滩上的一粒沙子。再比如，我们人的身体里有多少个细胞？有资料估算，一个成年人的体细胞总数是几个 10^{14}，太阳在宇宙间所占的地位还不如我们身上的一个细胞！在晴朗的夜晚，我们的肉眼所能看见的星星，除几个银河系内的大行星和月球、彗星之外，基本上都是银河系的恒星。以牛郎星和织女星为例，它们其实都比太阳大，比太阳亮，只是距离地球很远，所以看起来只是两个不大的亮点。

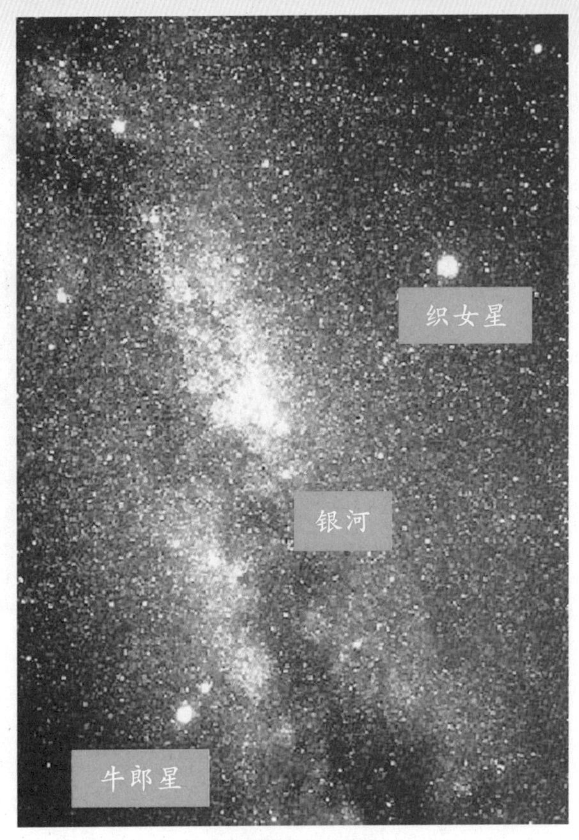

牛郎星和织女星

但是我们也不必妄自菲薄，太阳也有它的优势。天文学家把银河系中的恒星按各自的大小、温度和亮度排列起来，画出了一张图（为纪念发明该图的两位天文学家赫茨普龙和罗素，就命名为“赫罗图”），图的纵轴是光度与绝对星等从下而上递增，而横轴则是光谱类型及恒星的表面温度，从左向右递减。从该图可以看到从左上到右下逐渐密集，呈带状分布，这条带称为主星序，带上的恒星叫做主序星，太阳处在主星序的偏右下方，这表现了太阳在银河系恒星中的优势地位。比太阳大许多的恒星因为聚变剧烈，在不太长的时间段内，会很快消耗完毕，寿命很短，例如比太阳质量大 10 倍的恒星寿命只有 10 亿年，而比太阳小很多的恒星又不可能形成像太阳系那样的天体系统。太阳的寿命可达 100 亿年，如今它的年龄只有约 46 亿岁，正处在“中年”阶段，还可继续“工作”不少于 50 亿年。太阳系有不少于 8 颗的大行星，还有数十颗卫星、柯伊伯带和奥尔特云等，可谓丰富多

彩。大行星中包含了生气蓬勃的地球。

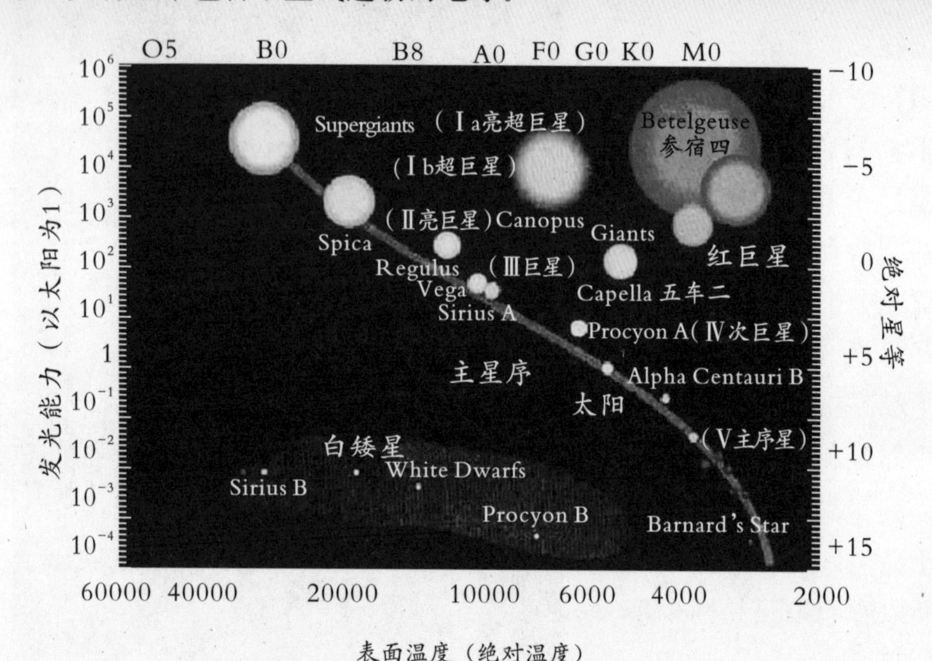

赫罗图（本图已简化，只列入少数星球为例）

从地球上人类的角度来看，太阳与其他星辰是无可比拟的，它是太阳系的“王者”（太阳拥有太阳系全部质量的99.8%），几乎主宰了地球和太阳系内的一切。

你知道吗

柯伊伯带与奥尔特云

它们处于太阳系的最外围，天文学家通过推算，寻找证据以证实它们的存在。柯伊伯带距离太阳系中心大于40天文单位，那里存在着许许多多的小天体。奥尔特云则更在柯伊伯带之外（可能达5000天文单位），天文学家认为它是太阳系彗星的“仓库”。

第二节 太阳的诞生和它的结构

一 太阳的诞生

在科学技术发展的基础上，太阳走出了神话。按现代科技的认识，现在宇宙的年龄为130多亿岁（地球年），它起始于一个“奇点”的大爆炸。起初的原始物质不是均匀地分布的，由于运动和在引力的作用下逐渐分别靠拢与浓缩，形成了许多星系的母体，其中之一就是银河系，它所包含的物质又聚合出许多恒星，相当多的恒星周围的物质又分别聚合成行星。太阳所含的元素以氢为主，其次是氦，也有少量的铁和碳。在太阳形成的初期，大量的物质集中起来，越积越多，纷纷趋向中心，于是整个体系压力越来越大，温度升高，氢、氦在高温下发生聚变（好似氢弹一样），温度急剧上升，由于这些聚集物的总质量十分巨大，因此不可能像氢弹那样发生瞬时爆炸。目前太阳正值比较稳定和成熟的中年期，生命力旺盛，太阳质量的3/4是氢这种最简单的元素，而其他1/4中的绝大多数是氦。经计算，氢和氦的质量占太阳总质量的98%，除了氢和氦，还含有氧、碳、氖、氮、镁、铁和硅，还有一些其他的微量元素。

二 太阳的结构

太阳的半径约为7×10^{5}千米，质量约有2×10^{30}千克，太阳的中心是一个内核，聚变就在那里发生，由于物质高度集中，压力巨大，密度约为水的 158 倍，温度高达 1.5×10^7K。在内核之外是辐射层，密度约为水的 20 倍，温度约为 8×10^6K。再向外是对流层、光球层和色球层。我们所看到的是它的光球层，光球层的温度约为 5800K。在光球层上不时可以看到有一些黑子，它是太阳表面一种炽热气体的巨大漩涡，温度约为 4700K，因为温度相对较低，所以看起来像是黑的。色球层是充满磁场的等离子体层，厚度约为 2500 千米。其温度在与光球层顶衔接的部分为 4750K，到外层达几万开尔文，密度随高度的增加而减小。

你知道吗

K（开尔文）

K 是绝对温度的单位，它的 1 度相当于 1 摄氏度，绝对温度零度等于−273.15℃。天文学家测得在星际空间的深处的温度是绝对温度 3 度（3K），即只比绝对零度高 3 度，这是宇宙起源大爆炸留存至今的热度。至今，科学家作了许多努力，在实验室里只得到了 2×10^{-8}K 的温度，而在理论上，绝对零度是不可能达到的，在绝对零度，构成物质的所有分子和原子均将停止运动，所有气体的体积也将是零。

黑子与耀斑

我国古代天文学家早就以肉眼观察到太阳表面存在光亮度较低的“黑子”（犹如人脸庞上的深色的痣），它是活动的。“耀斑”是一种最剧烈的太阳活动，周期约为 11 年。一般认为发生在色球层中，所以也叫“色球爆发”。其主要观测特征是，日面上（常在黑子群上空）突然出现迅速发展的亮斑闪耀，其寿命仅在几分钟到几十分钟之间，亮度上升迅速，下降较慢，特别是在耀斑出现频繁且强度变强的时候。耀斑的温度极高，太阳上的等离子被加热至 1×10^7 摄氏度，电子、质子及一些重离子被加速到接近光速，向外喷发。这样就形成了太阳风暴。

太阳色球层表面还有火舌状的日珥和日冕，一般只能在日全食时看到。日冕是太阳大气的最外层，厚度达到几百万千米以上。日冕温度有 1×10^6K，它包含大量的氢离子、氦离子，这些带电粒子运动速度极快，以致不断有带电的粒子挣脱太阳引力的束缚，射向太阳的外围，形成太阳风。(来自 http://baike.baidu.com/view/22554.htm)

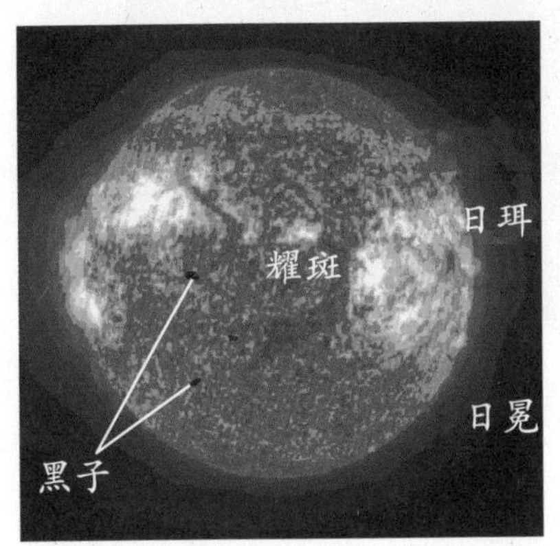

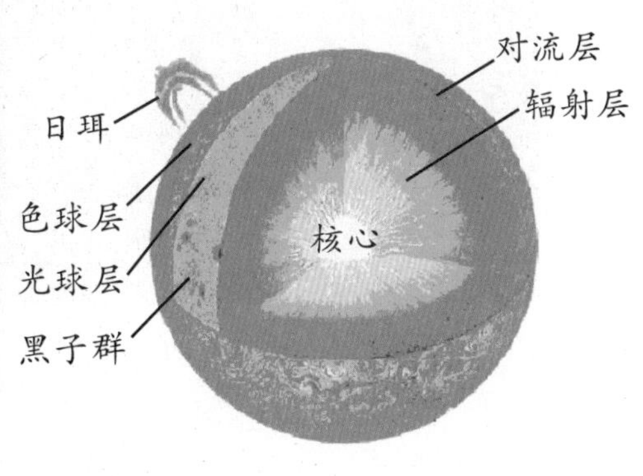

太阳的表面及内部结构图

彗 星

中文俗称“扫把星”，是太阳系中小天体的一类，由冰冻物质和尘埃组成。当它靠近太阳时即可见。太阳的热使彗星物质蒸发，在冰核周围形成朦胧的彗发和一条由稀薄物质流构成的彗尾。由于太阳风的压力，彗尾总是指向背离太阳的方向。（来自 http://baike.baidu.com/view/2966.htm）由此也可证明太阳的辐射压与太阳风的存在。

彗星

太阳风是从太阳大气最外层的日冕向星际空间持续抛射出来的物质粒子流。它的主要成分是氢离子和氦离子的等离子体。平时持续不断地辐射出来的太阳风，速度较小，粒子含量也较少；而在太阳活动时辐射出来的太阳风，速度较大，粒子含量也较多，被称为“扰动太阳风”或“太阳风暴”。太阳每隔 11 年就会进入一次活动高峰年，在高峰阶段产生剧烈爆发活动，释放大量的高速粒子流，就像打喷嚏一样，让离它约 1.5×10^{8} 千米远的地球也患上“感冒”，严重影响地球的空间环境。

你知道吗

离子与等离子

一个常态的原子，原子核中的质子（带正电荷）数与原子核外的电子（带负电荷）数相等，原子属于电中性。如果有强大的外力（如极高的温度）影响，部分电子与原子核脱离，失去电子的原子成为正离子，原子呈电离状态，离子比例很高时称为等离子态，是属于气态、液态、固态以外的物质第四态。

一般情况下，地球磁场能使太阳风绕开地球而行，对地球起到一定的保护作用。

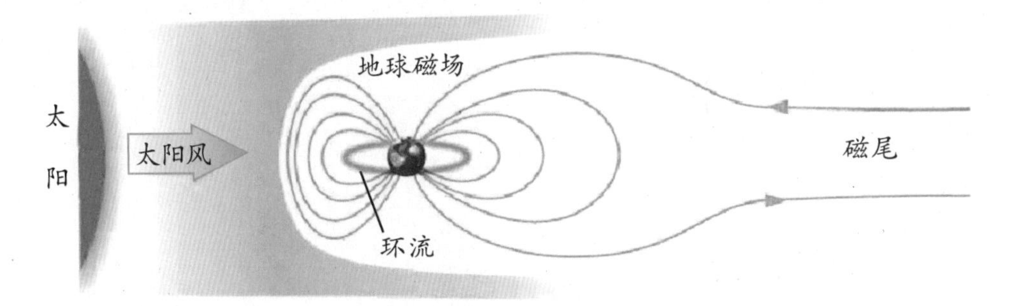

地球磁场保护着地球

如果太阳风中的高能离子增多，进入地球南、北极地的高层大气时，与大气中的原子和分子碰撞并激发，产生光芒，形成绿色、红色等灿烂美丽的极光，这时的太阳风被称为“亚暴”。如果袭来的是太阳风暴，那么就会对地球造成较严重的影响，例如，通信卫星失灵，电网失效，短波通信、长波导航质量下降等。太阳风的变化还可能会引起气象和气候的变化。由于色球爆发具有周期性，因此可以预报。

美丽的极光（1）

美丽的极光（2）

近年有预报称2012年会有强烈的太阳风袭击地球，届时不仅无线电通信及远距离输电等受到影响，人造卫星和空间站也会受到影响。事实是，2012年1月25日太阳风暴来到地球时，除在较大范围内可看到明亮的活动的极光外，对地球没有什么其他大的影响，我国的“天宫一号”安然无恙。

三　太阳的晚年

太阳当然也会走向晚年乃至终结，到了末期，太阳将逐步膨胀成为一颗红巨星（红巨星到后来会塌缩成为一颗白矮星，逐渐冷却直至熄灭），地球和其他行星可能会陆续被红巨星所吞噬。到时人类怎么办？那是几十亿年后的事，我们大可不必为亿代后的子孙担忧，何况现在一些科学家已经在思索相关的问题，例如让人类移居到其他宜居的星球上去，从20世纪开始的对火星的探索就包含了这方面的设想。不管到何时，必然会得出结论来。

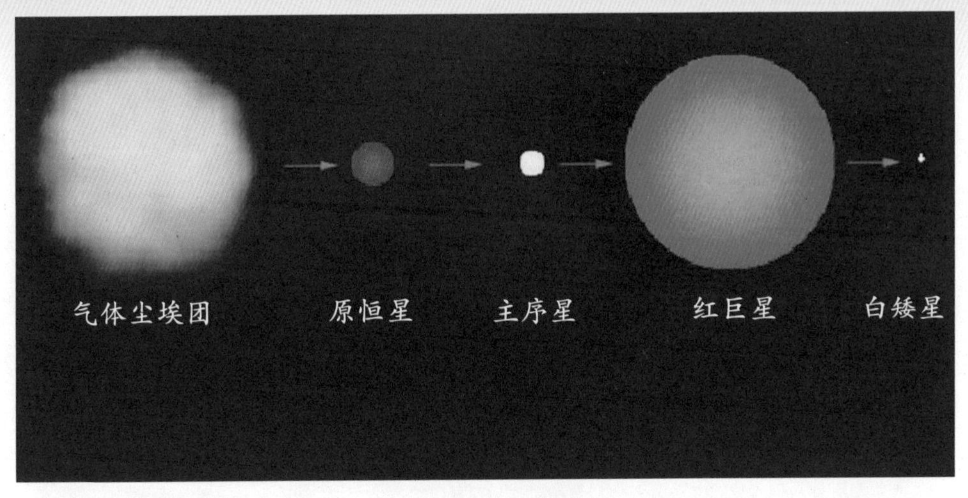

太阳的一生（示意图）

第三节　太阳辐射的能量

一　太阳的能量

太阳与许多其他的恒星一样，是一个巨大的核聚变体。氢弹的威力也来自热核聚变，氢弹在爆炸瞬间，能量全部释放。那为什么太阳包含了极大量的氢和氦（内部也有少量的其他元素，如碳和铁等），聚变却可以长期不断地进行呢？这是因为太阳有巨大的质量和体积，中心压力也极大。据推算，太阳核聚变每秒释放（辐射到宇宙空间）的能量，应该是约 2.86×10^{26} 焦。好厉害啊！那地球能承受得了吗？不过再算一下就知道，太阳能是向四面八方辐射的，地球的直径只有 12700

多千米，而地球离太阳约 1.5×10^{8} 千米，按球面角度计算，其中只有约二十二亿分之一的能量辐射到地球，就是 1.3×10^{17} 焦/秒，由于地球大气层对太阳辐射有反射与吸收作用，实际到达地面的大约是其中的二分之一。

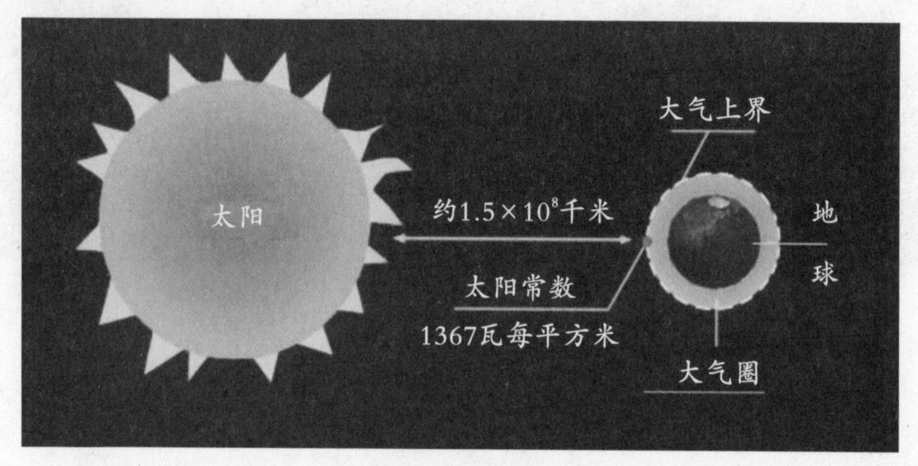

太阳常数示意图

太阳辐射除可见光外，还包含了紫外线、红外线及其他电磁波。作为太阳大气最外层的日冕，不断向外发射含有大量带电粒子的太阳风。

太阳辐射电磁波的范围较广，地球大气上界的太阳辐射电磁波谱中99%以上的波长在150～4000纳米。大约50%的太阳辐射能量在可见光谱区（波长在400～700纳米），7%在紫外光谱区，43%在红外光谱区（波长在760纳米以上），最大能量在波长475纳米处。（注：1纳米等于 1×10^{-9} 米）

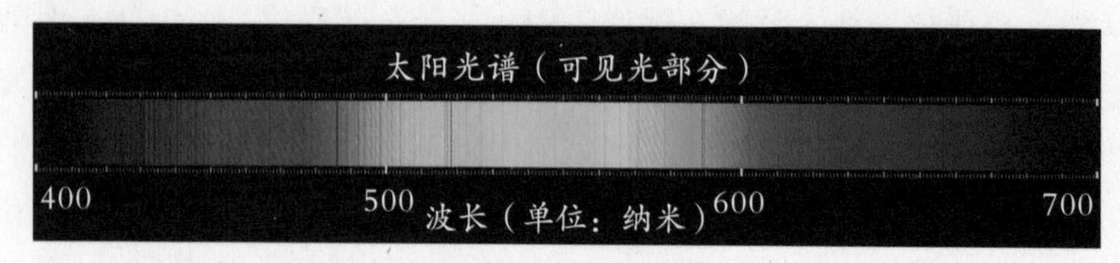

太阳光谱（可见光部分）

人类的眼睛能感知与区别各种不同的颜色（整个可见光谱区），但看不到红外线与紫外线。在自然界里，不少鸟类和昆虫有辨色能力，多数的哺乳动物却是色盲。蛇类能感知红外线（蛇的感觉器官不是眼睛，而是它的颊窝），蜜蜂能感知紫外线。我们人类如果要在黑暗中观察物体，必须借助仪器（如夜视仪），必要时还要配备红外线发射器。

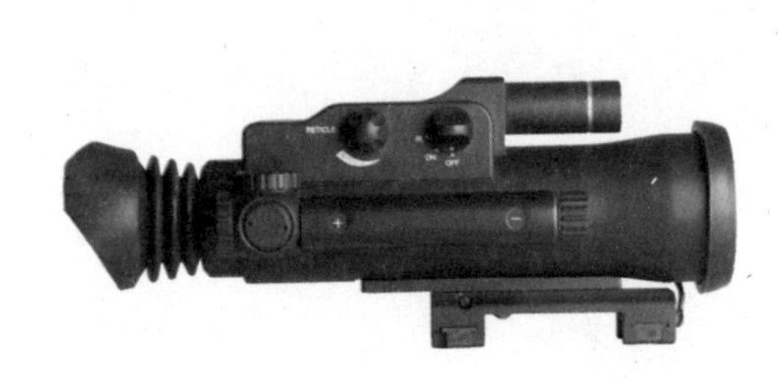

一种夜视仪和通过它所看到的黑暗中的图像

二　地球上各个时期与各地方冷热不同的问题

虽然太阳常数原则上是一个恒定的数值，但地球各地方冷热不同，原因有：

1. 太阳常数是基于日地平均距离的，但地球绕日的轨道不是一个正圆形，轨道偏心率为0.0549，最大距离与最小距离相差42200千米。

2. 地球各处纬度不同，日光照射的角度不同。

3. 海拔高度不同、大气压力差异和离海洋（及大的水域）远近都对气温有显著影响。

4. 海洋与陆地比热容不同，洋面的温度变化明显小于陆地的，大洋中一些海岛或滨海地区冬暖夏凉的现象可能比内陆明显。地球上许多地区还会受到洋流厄尔尼诺（偏暖）和拉尼娜（偏冷）的影响。

5. 由于天文与地球物理因素的综合影响，地球在很长的历史时期内会出现“冰期”与“间冰期”（相隔许多个世纪），冰期与间冰期

温度有显著差异。冰期之外还有“小冰期”（可能持续二三十年或更长时间）。2012 年初，北半球欧亚地区的冬天异常严寒，有些地区的温度低于历史记录，冻死的人数以百计。2012 年 2 月 3 日，我国内蒙古呼伦贝尔地区的气温曾降至－50.7℃，超过历史记录。一些气象专家认为这可能是一次小冰期的开始，但多数气象科学家尚持保留意见。

6. 人类活动的影响，如当前由于人类消耗燃料越来越多，大气中的二氧化碳不断增加，产生了温室效应，导致年平均气温有上升的趋势。

你知道吗

太阳常数

这是一个表示太阳射向地球能量的单位。指在日地平均距离处，与太阳光垂直的地球大气上界单位面积上，在单位时间内所接收太阳辐射的所有波长太阳光的总能量。目前多数采用的数值是 1367 瓦每平方米。

厄尔尼诺和拉尼娜

海洋里的水温和洋流的方向受多种因素（主要是地球自转）的影响，太平洋的洋流自东向西流动。由于大气与洋流相互影响，因此温度反常。在赤道北边温度较高的洋流被称作厄尔尼诺，在赤道南边温度较低的洋流被称作拉尼娜。虽然与一般海水的温度相差不是很大，但高温与低温的总热量差是巨大的。厄尔尼诺或拉尼娜一般每 2～6 年交替发生。亚洲和非洲大陆受其影响，会出现异常天气。2012 年我国大部分地区气候出现异常，与此有相当大的关系。

三　太阳能与地球上各种自然能源的关系

地球所接收的太阳能除相当数量被植物的光合作用所固定外，还有许多转化为其他自然能源。

通过研究，现已明确，地球上的化石能源（如煤、石油、天然气）是古代地球生物固定下来的太阳能，经过亿万年埋藏在地下，在各种因素（压力、温度、生物）作用下转化而成的。地球上雨水的循环（水能）也源自太阳能导致的蒸发和冷却。风能也与太阳辐照有关，在地面各处受太阳辐照后气温变化不同等条件下，空气吸收热量有差异，热空气因体积膨胀比重小而上升，冷空气下降（还有地球自转因素）……总之，除了核能、地热能以及大部分的潮汐能，地球上大多数能源都来自太阳能的转化。

第二章 人类怎样利用太阳能

第一节　人类利用太阳能的历史

一　人类自诞生之日起就积极利用太阳能

到新石器时代，原始的农耕逐步代替狩猎与采集，虽然只是“刀耕火种”（这里所称的“刀”，实际上是经过加工的石刀、石锄；“火种”是指烧掉土地上原有的野生植物再播种，灰烬也就成了肥料），但却是革命性的一步。当时人类对光合作用还一无所知，但他们已经知道阳光雨露对农作物的重要性，并主动地利用太阳的能量。我国古代的“神农氏”就是发展原始农业的代表。

原始农业

新石器时代的石制农具

二　古代天文学的发展与社会进步

农耕的发展，大大提高了人类的生活水平，同时也促进了科学技术的进步。我国古代天文学在世界上处于领先地位，其主要任务就是为农耕服务，除了某些唯心（迷信）的因素，它确实促进了农业生产，使我国成为一个在农业方面比较先进的大国。五千年前的帝尧时代就设立了专职的天文官，专门从事“观象授时”。天文学在以后历代都有发展，建造了不少天文建筑，发明了不少观象仪器，并制定历法，为人们的生产和生活服务。我国古代很早就能预报日食，还观察到了太阳黑子，“四时八节二十四气”就是依据日地相对位置制定的。可以说，这些成就的取得对社会进步是有益的推动。

北京古观象台与天文仪器

四时八节二十四气

《周髀（bì）算经》成书于约公元前1世纪，原名《周髀》，它是我国最古老的天文学著作，主要阐明当时的“盖天说”和“四分历”法。所谓“四分历”，就是把一个回归年定为365.25天。《周髀算经》卷下：“凡为八节二十四气。”“二十四气”就是现在大家都知道的从立春到大寒的二十四个节气，它在日常使用太阴历的情况下，对农耕具有特别重要的指导意义。

美洲的玛雅文化也有类似情况。约四千多年前，玛雅人进入了定点群居时期，并从采集、渔猎进入农耕时期。农业和定点群居孕育了玛雅文明。玛雅人在天文学上也有过重大贡献，如把1年定为365天，会推算月亮、金星和其他行星运行的周期以及日食发生的时间等。

玛雅人与玛雅文明

玛雅人是在墨西哥地区的印第安人的一族。他们的古代文明高度发展，在天文学和建筑艺术方面的成就都很突出。在天文学方面已经能作出许多精确的计算与记载，他们对人类天文学的发展有过重大贡献。但在尚不明确的原因影响下，玛雅人从原住地消失了，玛雅文明就此中断。现今墨西哥一带生活着玛雅人的后裔。

玛雅人的雕塑与当时玛雅人关于天文知识等的精美雕刻

古时，人们虽然对天文有了一定的认识，但都认为地球是宇宙的中心，太阳与月亮一样是围着地球转的。到16世纪，波兰天文学家哥白尼三十年如一日坚持观测天象，终于取得了可靠的依据，提出了“日心说”，并在临终前出版了他的不朽名著《天球运行论》。那时，教会为了维护上帝创造世界的理论，仍然坚持“地心说”。1600年，布鲁诺因支持“日心说”向宗教统治地位发出挑战，结果遭到了火刑。直到19世纪，“日心说”在与“地心说”的竞争中终于取得了真正的胜利。当然，“日心说”也有它的局限性，但在当时是一个了不起的进步。

波兰天文学家哥白尼

当时根据“日心说”制作的动态演示仪器

第二节　近现代对太阳能和其他绿色能源的追求

一　化石能源的矛盾

从 18 世纪到 19 世纪，经历了第一次和第二次工业革命，机器逐步替代了手工劳动，利用化石能源产生的蒸汽与电力逐步成为工业化生产的重要动力，科学技术和生产力快速发展，人们欢欣鼓舞。

你知道吗

化石能源

化石能源主要是指古代生物通过光合作用所固定下来的太阳能，在生物死亡堆积的过程中，受到微生物的作用和压力、温度的影响，转化成为煤炭、石油和天然气（包括页岩气以及可燃冰），失去了原来的形态，类似于一种化石。由于它是光合作用的产物，它的主要成分是碳氢化合物，还含有一些其他元素（如硫）。在较长时间里（直至目前），化石能源成为人类生产和生活的主要能源。由于它的形成是一个极其漫长的过程，在现代无法重新陆续形成，因此也被称为不可再生能源。

然而好景不长，只两百多年，除社会矛盾加剧之外，能源问题也同时凸显出来。20 世纪下半叶以来，不可再生的化石能源开始紧张，在几十年至多一百年后将先后告罄，目前对化石能源的争夺已成为导致战争的一个重要因素。使用化石能源造成的污染严重影响到地球环

严重的污染

境，人类的健康和生存受到威胁。许多科学家认为二氧化碳等温室气体的增加，将使地球年平均气温上升，从而改变人们的生存环境。

二　能源革命

人们开始意识到能源革命迫在眉睫，科技界在努力降低化石能源消耗的同时也在大力开发绿色能源，其中对太阳能的开发利用特别受关注。因为它的资源总量特别巨大，几乎是无穷无尽的。利用太阳能不仅对环境无害，而且是有益的。目前，人类对太阳能的利用已取得了一定的成就，但也还只能说是处于起步阶段，也可以说是能源革命的一个重要开端，利用科技来开发太阳能的前景是光明的。具体的成就，将在以下的章节中叙述。太阳能作为动力的利用，是从 1615 年一名法国工程师发明了世界上第一台太阳能驱动的发动机开始的。他发明的是一台利用太阳能加热空气使其膨胀做功而抽水的机器。

从使用化石能源到开发绿色能源，可以认为是一场能源革命。

绿色能源

绿色能源也称清洁能源，是环境保护和良好生态系统的象征和代名词。它可以分为狭义和广义两种概念。狭义的绿色能源是指可再生能源，如水能、生物能、太阳能、风能、地热能和海洋能。这些能源消耗之后可以恢复补充，很少会产生污染。广义的绿色能源则包括在能源的生产及其消费过程中，选用对生态环境低污染或无污染的能源，如天然气、清洁煤和核能等。（来自 http://baike.baidu.com/view/295338.htm）

三　我国的太阳能资源

我国是太阳能资源相当丰富的国家，绝大多数地区年平均日辐射量在 4kW·h/m^2（每平方米千瓦时）以上，西藏最高达 7kW·h/m^2。西藏西部的太阳能资源最为丰富，最高每年可达 2333kW·h/m^2（即平均日辐射量为 6.4kW·h/m^2），仅次于撒哈拉大沙漠，居世界第二位。根据我国各地接收太阳总辐射量的高低，可划分为五类地区。第一类地区除西藏西部外，还包括宁夏北部、甘肃北部、新疆东部、青海西部等地。年太阳辐射总量最低的是第五类地区，主要包括四川、贵州两省，年太阳辐射总量为 3350～4200MJ/m^2（每平方米兆焦耳。3.6 兆焦耳等于 1 千瓦时），相当于日辐射量只有 2.5～3.2kW·h/m^2。但这些都是某一个地区的平均值，实际上强中有弱，弱中有强。以广西壮族自治区来说，虽然被列在第四类地区（年太阳辐射总量为 4200～5000MJ/m^2，相当于日辐射量为 3.2～3.8kW·h/m^2），不太适合建设大型太阳能发电站，但该地区仍有充分利用太阳能的可能，例如一些气候条件较好，比较宽广的向阳山坡地区，年太阳辐射总量就不低。可以在该地区向一些城乡居民家庭推广使用太阳能供热。2011 年 8 月 12 日广西太阳能协会成立，太阳能协会成立后，做了大量的工作，如举行太阳能相关产品的推广展示，推动企业积极生产太阳能利用的相关设备。

第三章
神奇的光合作用

也许你可以想象一下：如果没有光合作用，那么我们的地球会是什么样子？

第一节　什么是光合作用

一　光合作用的化学过程

目前，地球的年龄大约是46亿岁，生命起源于大约30亿年前的海洋中，原始生命是吸收海洋中的某些有机分子后生存和繁殖发展起来的（即所谓异养型生物）。自地球上出现生命后的近10亿年间，大体上都是这样的模式。

然而生物进化的脚步并没有停留，海洋中的简单有机分子数量比较有限，照射到地球上的巨大的太阳能量，不应无所作为。约20亿年前，出现了“叛逆者”，一部分原始生命开始自己制造有机物，产生出的叶绿素以太阳能为动力，把叶片吸收的二氧化碳与水进行化学反应，转化成碳水化合物，放出氧气，成为自养型生物。这是了不得的一步，为需要消耗氧气的高等生物的出现，揭开了序幕。

自养型生物与异养型生物

自养型生物是以二氧化碳作为主要碳源进行合成有机物并赖以生长的生物，它们可以在没有有机物的环境中生存，包括能进行光合作用的植物和部分细菌，在生态系统中是生产者。异养型生物不能在没有有机物的环境中生存，地球上最早的生物属于这种类型，它从海洋中吸收周围简单的有机物来形成自身的组成部分，消耗（包括捕食、寄生、腐生等）各种生物，在生态系统中是消费者或是分解者。自养型生物是厌氧型生物，氧对于它们是毒物。自养型生物是由异养型生物进化而来的。

光合作用的第一步是将无机物（二氧化碳和水）合成为有机物（碳水化合物），在此基础上再生成形形色色的其他有机物，这是生物在漫长的进化过程中一个关键性、革命性的突破。

光合作用最基本的反应式：

$$CO_2 + H_2O \xrightarrow[\text{叶绿体}]{\text{光　能}} (CH_2O) + O_2$$

其中二氧化碳与水是原料，有机物和氧是产品与副产品。这个反应式中的（CH_2O）只代表有机物的基本结构，其中包括单糖、双糖和多糖，如葡萄糖是单糖，分子式为 $C_6H_{12}O_6$，多糖就更复杂一些。光能是动力（能量），而叶绿体则是关键的“专用设备”，没有了这专用设备，光合作用根本就无法进行。各种不同的具有光合能力的生物（如植物、藻类和某些细菌）所生产的碳水化合物不尽相同，而在某些生物中除叶绿体外还有其他的光合色素（如藻红素和藻蓝素），可以把吸收的能量传递给叶绿素。通过光合作用，太阳能转化为化学能储存在进行光合作用的物质中。

除碳水化合物之外，生物还必须有蛋白质（由氨基酸组成）。不少科学家研究了远古时代的生命物质的产生，其中有一个重要的发现。科学家把甲烷、水蒸气、氨、氧气的混合物装在一个完全密闭的装置内，让它们循环流经一个模拟太阳紫外线辐射的电弧。在历经一周的连续放电之后，密闭装置内产生了甘氨酸、丙氨酸等 11 种氨基酸，其中有 4 种氨基酸存在于天然蛋白质中。由此可以认为最初的蛋白质与阳光的作用有关。

你知道吗

光合色素

光合色素是在光合作用中参与吸收、传递光能或引起原初光化学反应的色素。光合色素存在于叶绿体基粒中，包含叶绿素、反应中心色素和辅助色素。高等植物和大部分藻类的光合色素是叶绿素 a、叶绿素 b 和类胡萝卜素（包括胡萝卜素和叶黄素）；在许多藻类中，除叶绿素 a、叶绿素 b 外，还有叶绿素 c、叶绿素 d 和藻胆素，如藻红素和藻蓝素；在光合细菌中是细菌叶绿素等。叶绿素是植物中进行光合作用的主要色素，是一个含脂的色素家族，位于类囊体膜内，并且赋予植物绿色。叶绿素吸收的主要是蓝紫色和红色的光而不是绿色光（绿光吸收量少，大部分被反射，所以绝大部分叶片呈绿色），它在光合作用的光吸收中起核心作用。（来自 http://baike.baidu.com/view/46107.htm）不同的植物对各色光的吸收利用存在着差异。植物光合作用需要的光线的波长在 400～720 纳米。波长在 440～480 纳米（蓝色）以及 640～680 纳米（红色）的光线对于光合作用的贡献最大。波长为 520～610 纳米（绿色）的光线被植物色素吸收的比率很低。

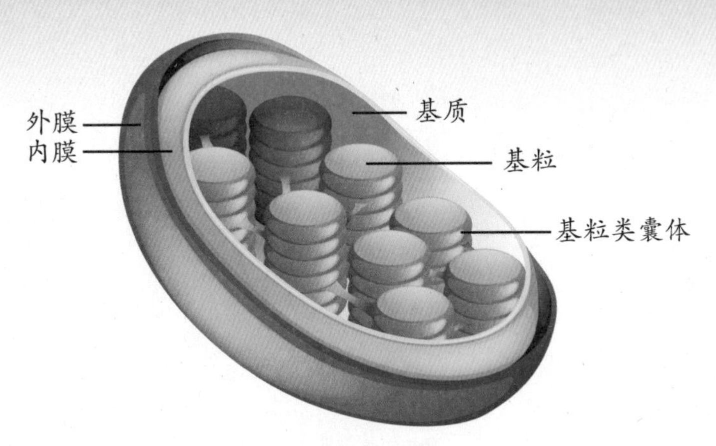

叶绿体模式图

植物的光合作用分光反应和暗反应两个步骤，后者可以不需要阳光，但也是必要的程序。暗反应的能量来自三磷酸腺苷（简称ATP），三磷酸腺苷所含能量最初也来自阳光。

作为光合作用产物之一的碳水化合物主要是葡萄糖。光合作用也可不经过形成葡萄糖的过程而直接形成淀粉。在此基础上，再通过一

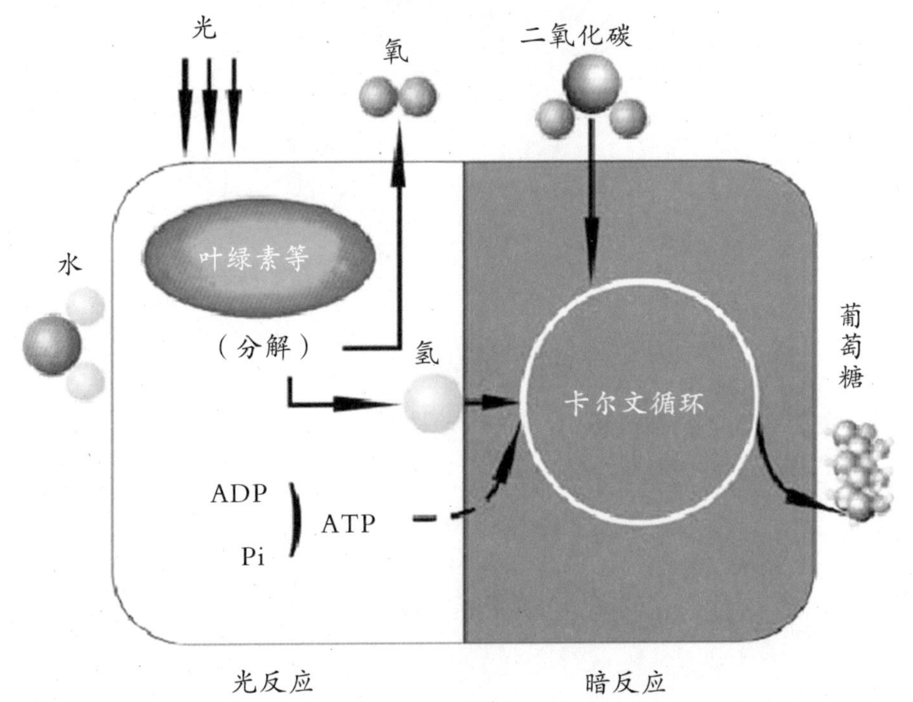

光合作用原理图

些反应，生成氨基酸（蛋白质）、脂肪以及纤维素等。形成蛋白质必须有氮和硫，这主要是通过植物根部吸收得到。蛋白质等的合成固然不同于碳水化合物，但在合成过程中消耗的能量依然来自光合作用。

你知道吗

糖　类

“糖类”不仅指食糖（蔗糖），也包括单糖（如葡萄糖和果糖）、双糖（如蔗糖和麦芽糖）和多糖（如淀粉），其中以蔗糖和淀粉最为普遍。

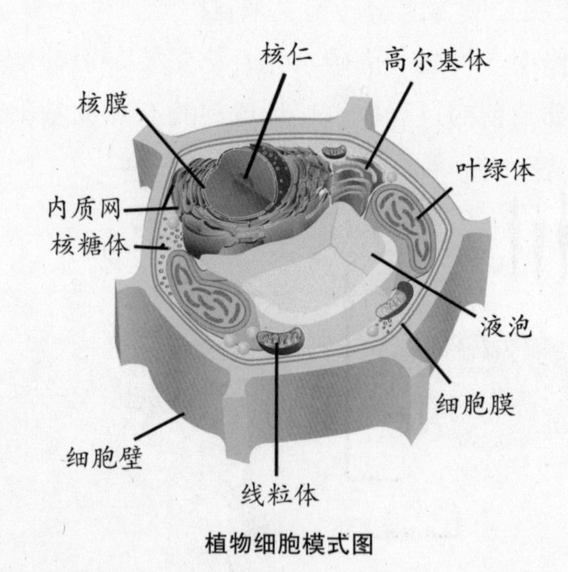

植物细胞模式图

二　光合作用固定了多少太阳能

据估算，地球每年接收的太阳能为 5.4×10^{24} 焦耳。

能量单位

1 千瓦时＝1000 瓦×3600 秒＝3600000 瓦秒＝3.6×10^6 焦耳

1 焦耳就是 1 瓦秒。

1 卡路里（热量单位，简称“卡”）＝4.18 焦耳（简称“焦”）

1 千克标准煤的热值是 7000 千卡，即 29260 千焦。

在不少情况下，表示功率，用“千瓦”这个单位太小，所以就用“兆瓦”“吉瓦”“太瓦”来做单位。

1 兆瓦＝1000 千瓦　1 吉瓦＝1000 兆瓦　1 太瓦＝1000 吉瓦

据资料显示，绿色植物每年通过光合作用所转化并储存在碳水化合物中的太阳能约为 5×10^{21} 焦耳，约为每年地球接收太阳光能的千分之一，至少相当于 20 万座三峡水电站的发电量。有人估算，植物每年贮存的能量约相当于世界主要燃料消耗量的 10 倍，这是地球上最大规模的把太阳能转化为化学能的过程。

光合作用在固定太阳能的同时也把大气中的二氧化碳变废为宝，是主要的“碳汇”，减轻了大气污染，为地球生态作出了极为重要且不可替代的贡献。

生物的光合作用是那样神奇，每年所固定的太阳能是那样多，但是科学家并没有因此而满足，他们正在探索是否还有其他方法能把太阳能更多地固定下来。

你知道吗

碳汇

碳汇一般是指从空气中清除二氧化碳的过程、活动和机制。主要是指森林和其他植物吸收、储存二氧化碳并将其固定在植被或土壤中；或者说是森林吸收并储存二氧化碳的能力，从而降低二氧化碳气体在大气中的浓度。森林是陆地生态系统中最大的碳库，是其他人工碳汇（如把二氧化碳压缩到地下予以封闭）不能比拟的。（来自 http://baike. baidu. com/view/368378. htm）

第二节　怎样充分利用光合作用

一　提高植物对太阳光能的利用

各种不同的植物对太阳光能的利用率是不一样的，例如树林每年固定的太阳能要远高于草地的，不仅因为树林树叶总面积大大超过草地，还因为多数野外的草地到深秋就枯萎，而树林中有许多常绿树种，全年都能进行光合作用。即使是同类型的生物，在不同条件下对太阳光能的利用率也不一样，就在正常条件下的光能利用率而言，可能相差很大。例如微藻是光合效率最高的原始植物之一，与农作物相比，其单位面积的产率（消耗的能量与产出物之比）可以高出数十倍。

热带雨林中的植物

提高植物对太阳光能的利用与植物的丰产条件基本一致，不同的是，农作物（如玉米）的丰产是以所生产农产品的产量来计算的，而从固定太阳能的角度来看是包括副产品（如玉米秸秆）的。无论怎样，选择与培育优良品种（有一个适合当地条件的问题），解决好水、肥、土与防治病虫害等问题，都是相关条件。

在我国的条件下，把荒原、山坡等充分利用起来，是当务之急。

二 值得重视的海洋生物

原始的光合作用生物产自海洋，全球的海洋面积占全球面积的71%，也就是说地球接收太阳光照射面积的约十分之七是海洋。当然不是说这些太阳光被浪费掉了，它对地球的水循环起到决定性的作用，并且对风能、水能等的产生也起重大作用。如果我们重视对这部分太阳光的利用，应该是大有作为的。

目前，海洋中能进行光合作用的生物群超过万种，除海洋植物（如海带、紫菜、石花菜等）外，主要是菌藻类生物以及浮游生物。我们特别注意到，浮游生物虽然个体很小，但数量巨大，因此对太阳光的利用起着不可忽视的作用。浮游生物还是海洋食物链的基础。海洋的食物链是“大鱼吃小鱼，小鱼吃虾米”，而虾又是以浮游生物为食的，基础薄弱了，其他海洋生物就难以大量繁衍。所以发展海洋浮游生物也可以保证渔业资源发展，再加上这些浮游生物吸收大量的温

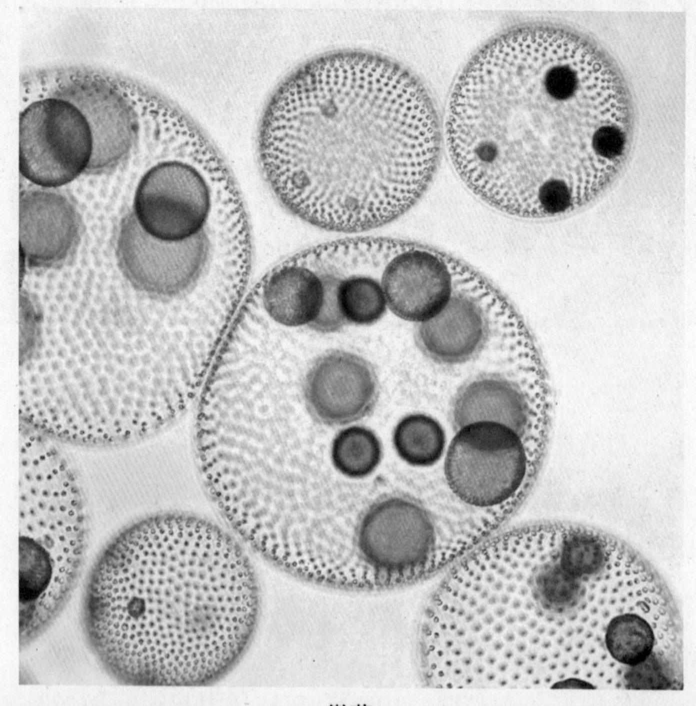

微藻

室气体——二氧化碳，可以说是一举多得。

为了增加浮游生物的数量，一些科学家提出，在海洋中播撒铁元素，可以明显促进浮游生物的繁殖，这已经在小型试验中得到证明。

第三节　新的尝试

一　科学家的新试验

地球上生物的光合作用每年所固定的太阳能是那样多，但是科学家并没有以此而满足，有什么办法可以把更多的太阳能固定下来呢?

植物的光合作用起源于蓝细菌（又叫蓝藻）。现在植物细胞里的

蓝细菌

叶绿体，原先是蓝细菌进入异养型生物的细胞内，继而演变为叶绿体，异养型生物也就变为自养型生物。

不少海洋动物与光合细胞存在共生作用，这是许多海洋科学家先前就发现的事实。加拿大达尔豪西大学的一名研究人员在成年雌性斑点蝾螈的输卵管中发现了藻类细胞，并以特定的方式遗传给下一代。另外，绿叶蛞蝓又称“绿叶海蜗牛”，它在生长到成年期时，仅一次性“吃饱”叶绿体便可维系10个月的生命周期。2011年5月初，多家媒体报道，哈佛大学医学院的一名研究人员正在对这一现象进行深入研究，她进行了许多观察和实验，其中一项是向斑马鱼的受精卵中注入光合细菌，目的是观察该细菌能否在那里繁衍生息，甚至看斑马鱼能否把它传给下一代。人们把这种实验称作“一半动物，一半植物”。当然转基因的方式也可以为我们开辟一些思路。

“一半动物，一半植物”

（来自《文汇报》）

你知道吗

转基因

生物的性状，即在繁殖过程中遗传给后代的现象，早已被人们认知。但遗传是怎样的一种机制或过程，却尚未被了解和作出解释。生物学家孟德尔经研究认为，细胞内存在一种“遗传因子”。后来，科学家通过观察实验，了解到遗传因子位于生物的染色体中，是一种组成染色体的蛋白质（氨基酸）编码，遗传因子的不同源于编码的不同。于是科学家把遗传因子改称为“基因”。继而发现通过一定的手段，可以将某种生物的基因转移到另一种生物的细胞中去，从而改变它的某些生理功能或遗传性状，这就是“转基因”。

二　人造树叶

据报道，美国的科学家正努力研制一种类似树叶能进行光合作用的“人造树叶”。实际上这种“人造树叶”只能在光照条件下分解水，制取氢（用于发电），只代表复杂的光合作用的第一步，与植物的光合作用的产物是碳水化合物有所不同。而第二步的化学反应过程要比这一步复杂得多，重要的是要有特殊的触媒（可能还要类似于植物细胞中 ATP 的能源），否则把碳和水放在一起，一万年也不会变成碳水化合物，这种起触媒作用的物质和相关条件，应是突破的重点，究竟如何，要听“下回分解”了。

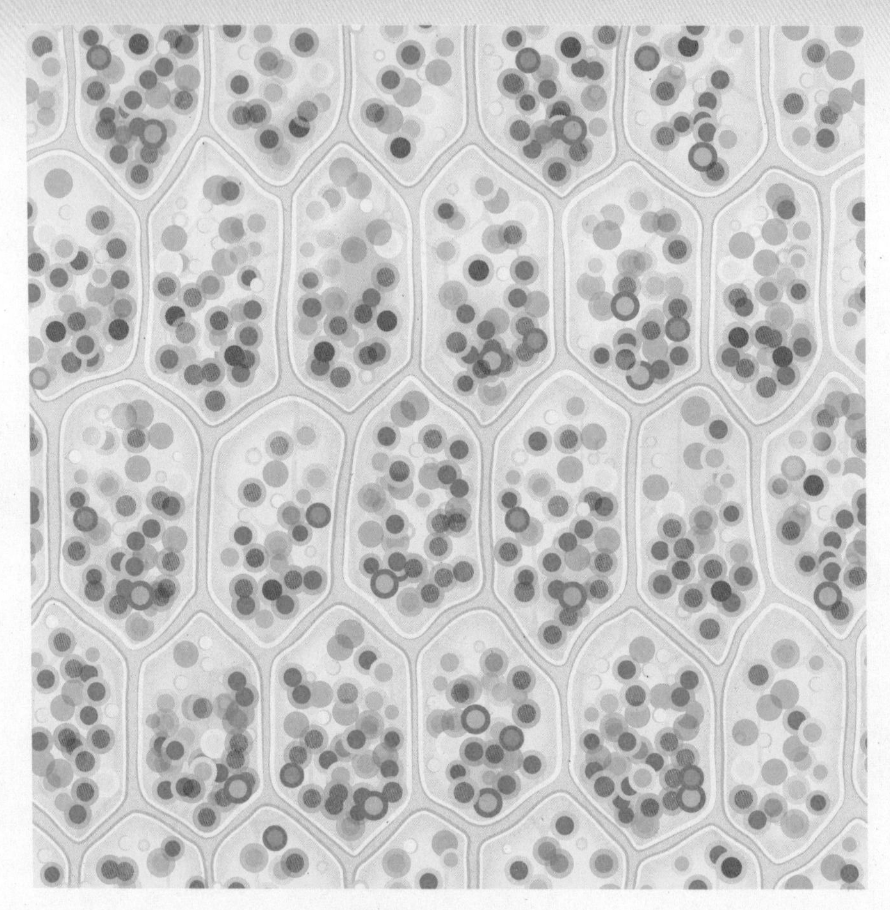

模拟植物细胞的人造树叶

有人会说，既然有天然的植物存在，何必辛辛苦苦地去研究非生物的光合作用呢？要说明这一点是很复杂的，但我们可以作一个类比：既然有我们人类的存在，为什么还要花大力气去研究开发机器人呢？

第四节　有关太阳光的其他方面

一　人类的健康与太阳光

除需要进行光合作用的植物和某些细菌外，我们人类的健康与太阳光也有重要关系。太阳光中的紫外线能杀灭许多病原菌，我们人类如果没有太阳光照射，也会影响健康。维生素 D 能维持骨骼强壮和抵抗疾病，我们除在食物中吸收维生素 D 外，还要让皮肤接受一定的紫外线照射，才能合成维生素 D。所以有许多人经常以日光浴作为保健措施。但过强的紫外线也会损害我们的健康（如患皮肤癌、白内障等），幸好大气高层里的臭氧层能削减紫外线的强度，保护着我们。但是近年来臭氧层遭到一些人为的有害气体（如氟氯烃等）的破坏，在南极上空甚至出现了大面积的臭氧层空洞，这值得我们注意。

日光浴

二　保护臭氧层

1989 年 3～5 月，联合国环境规划署连续召开了保护臭氧层伦敦会议与《保护臭氧层维也纳公约》和《关于消耗臭氧层物质的蒙特利尔议定书》缔约国第一次会议——赫尔辛基会议，进一步强调保护臭氧层的紧迫性，并于 1989 年 5 月 2 日通过了《保护臭氧层赫尔辛基宣言》，鼓励所有尚未参加《保护臭氧层维也纳公约》及《关于消耗臭氧层物质的蒙特利尔议定书》的国家尽早参加。（来自 http://baike.baidu.com/view/22443.htm）我国为配合履行保护臭氧层的国际公约，逐步制定法规并采取一定的措施，对消耗臭氧层物质的生产和使用予以控制，对替代品和替代技术的生产和应用予以引导和鼓励，成立了由国家环保总局等 18 个部委组成的国家保护臭氧层领导小组。在领导小组的组织协调下，编制了《中国消耗臭氧层物质逐步淘汰国家方案》。

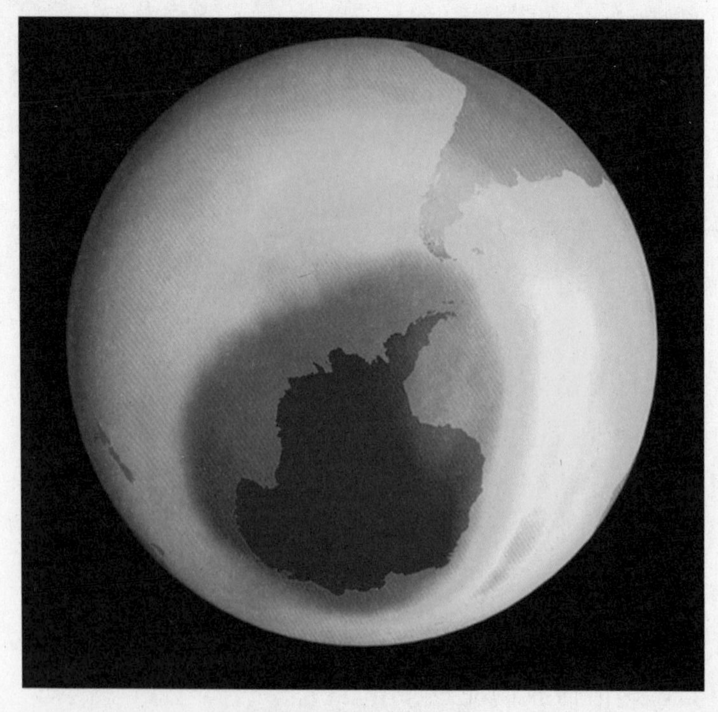

南极上空的臭氧层空洞

你知道吗

氟氯烃

又名氟利昂，是几种氟氯代甲烷和氟氯代乙烷的总称。氟利昂在常温下都是无色气体或易挥发液体，略有香味，低毒，化学性质稳定。由于氟利昂的化学性质稳定，具有不易燃、介电常数低、临界温度高、易液化等特性，因此被广泛用作冷冻设备（包括家用冰箱）和空气调节装置的制冷剂。（来自 http://baike.baidu.com/view/819533.htm）

三　不见光照的生物

在我国南方，特别是西南地区，多石灰岩，长期受水的溶蚀作用，形成了许多地下溶洞，有些溶洞中有地下河，在其中生长的鱼类，世代不见光照，眼睛退化，成为“盲鱼”。

海洋中由浅到深都有生物存在，但只有在几十米深的浅海才有海洋植物，在几十米以下（此深度因不同的海水透明度而异，但最深不过百米）因为缺乏光照，就没有植物生长了。

盲鱼

第四章 太阳能的热利用

前面已提到，人类自古利用太阳能，主要是利用它的热能，今天太阳能的热利用仍然是太阳能利用的重要方面。

第一节　太阳能制热与制冷

一　太阳能制冷

太阳能可以制热，人们很容易理解，因为太阳能本身就是热源。而用太阳能来制冷，你听说过吗？你了解多少呢？下面我们就先说一说太阳能制冷吧。

太阳能是一种能源，电能也是能源，电能可以制冷，而利用太阳能又可以发电，那么利用太阳能来制冷也就不奇怪了。通常的做法是，通过太阳能集热器把冷水变成热水（这种热媒水的温度越高，制冷的效率也越高）。以溴化锂吸收式制冷机为例，它的工作原理是：当溴化锂水溶液在发生器内受到热媒水加热后，溶液中的水不断

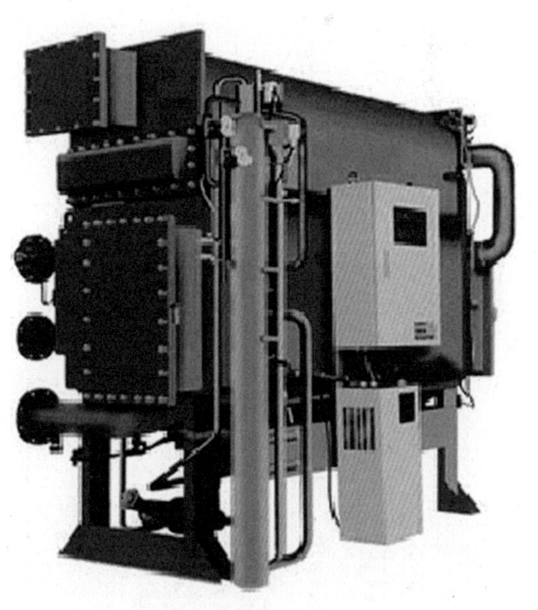

吸收式制冷机

汽化，蒸汽进入冷凝器，被冷却水降温后凝结，随着水的不断汽化，发生器内的溶液浓度不断升高，进入吸收器，当冷凝器内的水通过节流阀进入蒸发器时，急速膨胀而汽化，并在汽化过程中大量吸收蒸发器内冷媒水的热量，从而达到降温制冷的目的。如果是压缩式制冷那就更简单些，就是以太阳能集热器的蒸汽动力替代了压缩机而已，用动力将“冷媒”压缩，散热冷却，经由喷嘴减压蒸发吸收热量。

一般情况下，由于吸收式制冷的制冷温度不低于 0℃，且结构比较复杂，投资大，因此适用于大单位的中央空调与工业冷却；而压缩式制冷，小到可以用于家用冰箱。压缩式制冷的温度一般可以低到零下数十度。

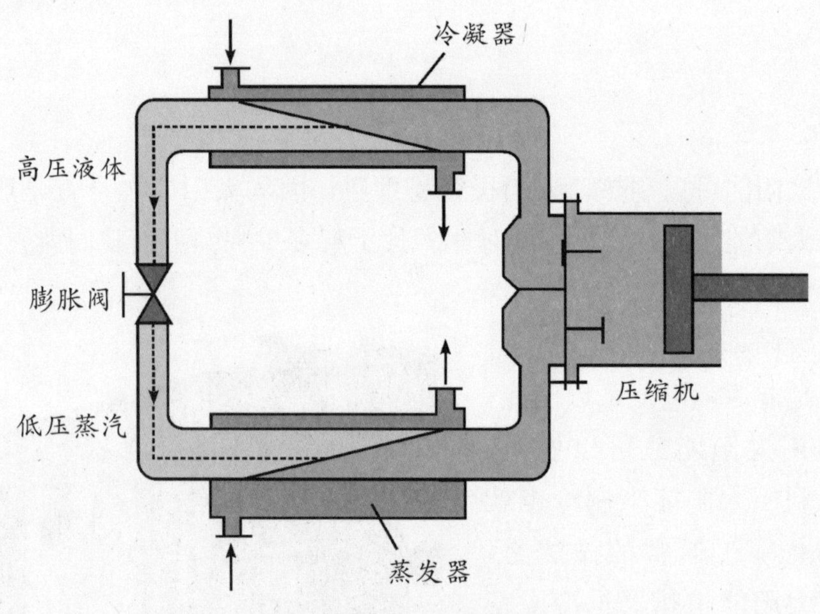

压缩式制冷机原理示意图

二　太阳能制热

太阳能制热则比制冷方便得多。太阳能本身就是热源，只需根据制热温度的需要，采用合适的集热器和集热管的介质即可，既保证运行也降低了费用。目前，大型热水器多数采用金属曲面聚光集热，曲面上各点都有抛物线的平面几何光学特性，将太阳光反射到处于焦点位置的集热管，我们把它称为槽式聚光。由集美大学机械工程学院研发的太阳能光、热复合系统，则是把光伏发电板上的热量传递到集热装置，由集热装置背部的热交换器把无法转换成光电的光热储存在热水箱内。该技术不仅解决了聚光带来的电池片温度过高问题，而且可以获取数量可观的热水，实现了高效、低成本太阳能光电—光热的综合利用。2012 年 2 月出台的《北京市太阳能热水系统城镇建筑应用管理办法》规定，从 2012 年 3 月 1 日起，北京市新建城镇居住建筑应优先采用工业余热、废热作为生活热水热源，不具备采用工业余热、废热的，应当安装太阳能热水系统，如果仅是室内采暖，可以采取在地板下或墙内安装热水管的办法。太阳能热水器既可为企业生产所用，也可为家庭和单位供应热水。小型的太阳能热水器一般采用真空管集热器，排列的真空管下部与冷水管相连，冷水进入外面透明的真空管，受日光照射后传热给内部黑色的水管，提高水温，热水再向上集中到热水罐，以便随时打开热水阀取用。

小型太阳能热水器

据报道，现在山东地区也将这一方法应用到生产上，大规模预热进入锅炉的水，可以大大降低锅炉煤耗。山东省有各类锅炉约5万台，若全部实现与中温太阳能工业热力系统结合，可安装中温集热器8840万平方米，从节能的角度看，每年可以节约标准煤1960万吨，减少二氧化碳排放4420万吨。

山东省的工业锅炉预热水设备

不论是太阳能制冷还是制热，都要考虑蓄能的问题，以便无论是在白天还是黑夜，天气是阴或是晴的情况下，设备都能连续工作。关于这一点，下面将要说到的太阳能在各方面的利用都是必须考虑的。

小型太阳能空调机组

第二节　太阳热能在农业生产方面的应用

一　温室、暖棚

要在蔬菜（包括一部分果品、花卉）生产上实现全年供应（包括反季节生产），就要采取一定的措施，首先是建造温室或暖棚。一般所称温室是固定建筑，覆盖物是玻璃，室内有整套的调节、通风设备，室内光照、温度、湿度和空气成分都可按需要调节。

一般园艺温室

我国最大的温室位于上海辰山植物园，世界上最大的温室是英国的“伊甸园”，其最高处达 55 米。

英国的“伊甸园”温室

温室多用于经济价值高的产品或珍贵热带植物的保护（不少植物园的温室内能看到高大的热带树木）。

暖棚则是比较简单的塑料大棚，可以根据需要拆装迁移。依靠塑料棚顶的覆盖物以及侧面塑料膜的启闭，调节温度与通风。

北京植物园内大型温室中的热带树木

二 温床

温床比温室和暖棚要简单，主要用于育苗。最简单的是水稻育秧时，秧田播种后在秧畦上覆盖一层塑料薄膜，可以起到增温、保湿、防虫和防霜害的作用。

较好的温床是可以长期使用的固定式的向阳条状设置，四周砌筑墙体，北高南低，上面覆盖可移动的玻璃窗盖，床土下可先填埋发酵酿热物（由粪尿及植物废料等混合堆制，既可发热又可作为有机肥料），加上阳光照晒，可以达到较高温度，在严冬里也可使用。这种温床主要用于育苗（实生苗或扦插苗）。

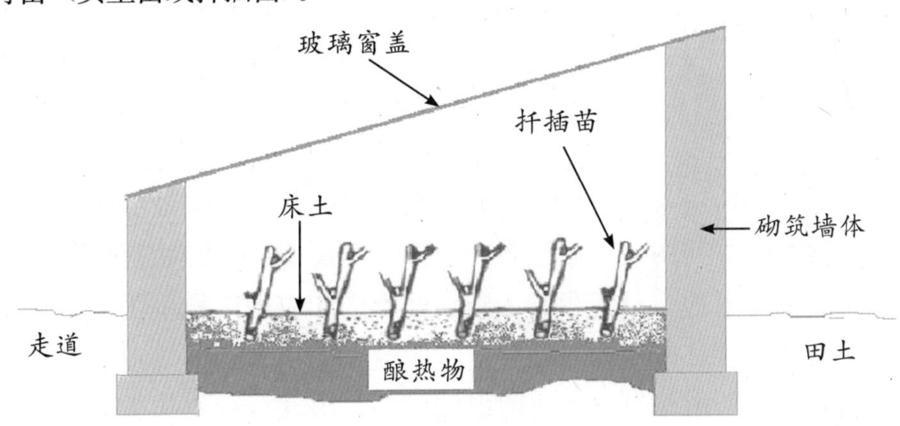

扦插苗床示意图

实生苗

用种子（果实）繁殖出来的苗，称作实生苗。

扦插苗

一些经济树种（如果树、茶叶等），既要快速繁殖又要保持其优良的遗传性状，就不能通过种子繁殖。要从母株的健壮枝条上剪下一定长度的插穗，插入温床的床土内，使其在一定的温度、湿度条件下生根发芽，再移到露地苗床进行进一步培育。

第三节　其他方面的应用

一　太阳灶

太阳灶是利用太阳能辐射，通过聚光获取热量来烹饪食物的一种装置。据说人类利用太阳灶已有 200 多年的历史，一开始是供驻扎在非洲的法军使用的。目前我国太阳灶的推广和应用区域主要集中在西部太阳能丰富的甘肃、青海、宁夏、西藏、四川、云南等地。在一些边远农村地区，由于没有燃气或电能供应，为减少砍柴伐薪，在有阳

反射式太阳灶

光照射时，那里的居民可以用太阳灶烧水、煮饭。反射式太阳灶的效率比较高，在反射镜的焦点处的温度可以达到几百摄氏度。不足的是，在阴雨天无法使用。

二　晒盐

我国每年食盐的消耗量很大，工业用盐的需求量也很大。盐的来源基本上有四种不同的形式：一是海盐，在沿海地区开发盐场，直接用海水晒盐或开采浓度较高的卤水晒盐；二是以青海湖为首的六大盐湖，除开挖原盐外也有晒盐；三是四川等地采集井内卤水，用天然气熬盐，澜沧江沿岸也有卤水井，但当地采用日晒制盐；四是河南岩盐的开采。其中晒盐占很大比例，其利用的能源就是太阳热。海水含盐量一般在3.5%左右，卤水含盐量在12%以上。将这些海水和卤水通过日晒或熬煮的方法，把水分蒸发，达到饱和浓度后就可析出固体盐，这些固体盐需进一步除杂精炼，供食用或工业用。

羊口盐场

三　制作酱油和酱

我国的传统食品酿造酱油和豆酱已有数千年的历史。酿制的原料

以豆饼、麦粉为主，加入种曲，加入盐和水及其他原料进行发酵，最后的工序是经过一段时间的太阳曝晒，以催熟和增加色、香、味，防止杂菌生长。

酱场

第五章
太阳能热发电

各种绿色能源的开发利用，大多都是首先转化为电能，因为电能在控制、输送、变换、储存等方面有独特的优势。太阳能发电是现代利用太阳能的重要途径，方兴未艾，发展前景广阔。太阳能发电主要是热发电和光伏发电，我们首先了解太阳能热发电。

第一节 太阳能蒸汽涡轮发电

一 聚焦

电能是利用、传输最方便的能源，除风能、水能、核能发电等以外，目前世界上电能的生产绝大多数是利用热源（煤或柴油）来加热水（也包括其他介质），取得超高压蒸汽推动涡轮机，带动发电机发电。太阳光包含了大量的热辐射，当然可以用来发电。问题是如何提高日光的温度，达到所需的高温，这是古人已经能够做到的事情，只是那时还没有透镜，他们就用青铜制成凹面镜将太阳光聚焦得到高温，点燃一些易燃物来取火。我国的考古工作者在古墓中发现了不少这种凹面镜，时间可以追溯到 3000 年前的商周时代，古人把它称作“阳燧”。

古代取火用的“阳燧”（正、反面）

从 1936 年柏林奥运会开始，奥林匹克圣火的采集就是采用类似“阳燧”的聚光镜取火来点燃火把的。

奥林匹克圣火的采集

你知道吗

介 质

介质一般是指传递能量的中间物质，借以输送或变换能量形式。可以是气体、液体或固体，介质形态视条件而定。例如使用取暖器时，首先加热的是室内的空气，再由空气把热量传递给人体，这时空气就是介质。液压机内的压力是通过液体来传递的，其中的液体就是传递压力的介质。

二 蒸汽

18世纪英国发起的技术革命是技术发展史上的一次重大革命，它开创了以机器代替人力和手工工具的时代，关键在于蒸汽机的发明。当然那时的蒸汽机是燃烧化石能源或柴火来加热的。如今利用太阳能热发电，是采用聚焦以及类同于蒸汽机的原理，用太阳光加热处于焦点中的热能介质，介质主要是油类或熔盐，吸热后可以达到几百摄氏度的高温，输送到发电厂，以此作为热源水产生蒸汽，推动超临界（或超超临界）涡轮发电机发电。

600兆瓦蒸汽涡轮发电机

熔　盐

熔盐就是熔融的盐类，由硝酸钾、硝酸钠和亚硝酸钠混合而成，常温时呈固态，在高温条件下（≥142℃）熔融成可以流动的液体，加热到600℃也不产生汽化高压。此外还可把高温熔盐储存在保温容器里备用。据新华网报道，美国能源部2011年5月19日宣布，其将为内华达州一个熔盐太阳能发电项目所需的7.37亿美元贷款提供有条件担保。该发电项目建成后每年将生产50万兆瓦时电量，能够满足4.3万个家庭的用电，并每年减少29万吨二氧化碳排放。

太阳能热发电基本上有三种聚焦方式。第一种是利用槽式凹面聚光镜加热长长的金属管道，加热其中的介质（油或熔盐），介质流动

槽式聚焦太阳能热发电

集中到一处，再用以加热水（水的汽化点低，蒸汽压力高），产生所需的蒸汽。第二种则是用很多的反光镜把太阳光反射到处于高塔上的集热器，再由介质传送到发电设备。使用的反光镜可随太阳的入射角的变化而在一定范围内转动，因此被称作定日镜。第三种是碟式（类似“阳燧”）聚焦，这种聚焦方式单台发电机的功率不高，适合于分散用电的场合。上述第二种的塔式热发电，与光伏发电相比，首先避免了昂贵的硅晶光电转换工艺，因此可大大降低发电成本。

我国首台 10 千瓦碟式太阳能发电装置

三　实例

1982年，美国率先建成了一个有1818块反射镜的太阳能热电站。不久前，在西班牙南部的塞维利亚市附近，吉马太阳能热电站建成并试运行，它是一处规模宏大、气势磅礴的设施。该太阳能热电站由2650块镜面面板组成的庞大阵列，呈规则的圆形图案，从空中看去就好像雕刻于地球表面的巨幅艺术作品。这就是世界上首座拥有夜间发电能力的太阳能电站。它的占地面积达185万平方米。所使用的镜面面板也就是日光反射装置（称为定日镜），可以将照射到该地区95%以上的太阳辐射聚焦到电站中心的一个巨型接收器中，将熔盐加热到900多摄氏度的高温，转而加热水产生蒸汽为发电涡轮机提供动力。存储于这些熔盐池中的热量持续释放的时间可以超过15小时，从而在整个夜间或没有阳光的情况下也可以保证电站正常发电，预计年发电量可达1.1亿千瓦时。现在美国规划的太阳能热发电项目功率已超过1万兆瓦。

太阳能发电站

我国于2007年6月在南京建成了一座70千瓦的塔式太阳能发电站，由32面定日镜分成7排，每时每刻跟踪太阳，将太阳辐射传递给铁塔上的集热器，把空气加热到1000摄氏度，高温高压的空气推动发电机转动，实现光电转换。该发电站获得了四项国家专利和两项美国专利。这一项目的负责人满怀信心地称，以这项系统研究为基础，他的团队正在研发聚光光伏发电和光热发电综合利用，因为光伏电池并不能利用所有波长的太阳光，其他波长的太阳光就转化为热能；使太阳能发电成本控制在每千瓦时0.6元，这将使我国太阳能实用化迈出“革命性的一步”。由浙江省研制开发的50兆瓦塔式太阳能聚光发电系统将在青海安装运行，目前4000千瓦的样机已通过测试并投入试运行。

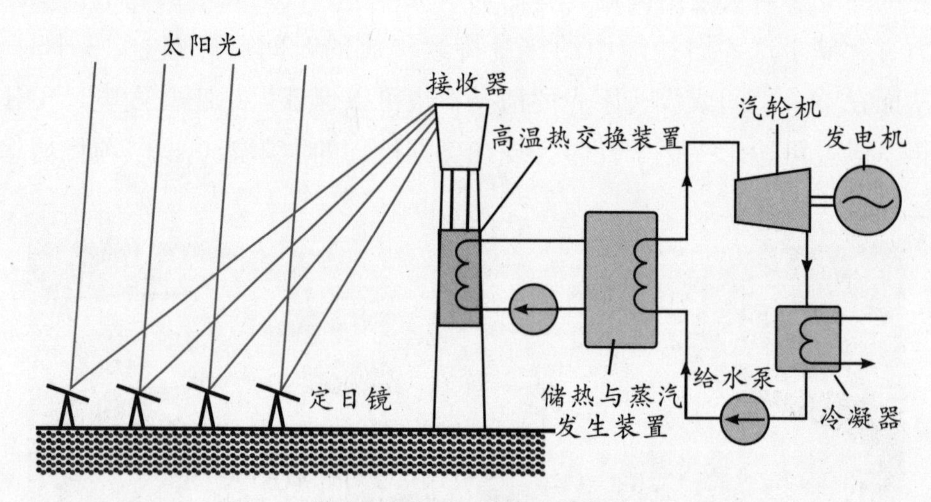

塔式太阳能发电站原理示意图

第二节　热风高塔发电

一　主要原理

热风高塔类似于一个面积很大的暖棚，棚面为特殊的双层结构，能集热而不散热，下面有进风口，中央竖一座像烟囱那样的高塔（因此也可称为烟囱式）。日光加热暖棚中的空气，热空气自动集中到高塔内，急速上升，推动风机快速旋转，带动发电机发电，如果有蓄能装置，那么晚上也可持续发电。

二　实例

1982年，德国和西班牙合作在西班牙建立了世界上第一座太阳能热风试验型电站，烟囱高为195米，直径为10.3米，集热棚直径约为242米，集热器面积约为46000平方米，该电站通过蓄热系统可实现连续供电，其中白天的输出功率为100千瓦，夜间的输出功率为40千瓦。但在1989年的一场暴风中，这座太阳能热风电站最终被吹垮。2010年，我国在内蒙古西部沙漠中建成了一座太阳能热风发电站，沙漠里耸立着类似水塔和温室大棚的塔筒及玻璃阳光房，这台功率为200千瓦的机组每年可以发电40万千瓦时，由于沙子蓄热，因此晚上也有电能输出。据报道，美国拟建一个这种发电站，塔高至少有792米（也有资料说为1000米）。

美国拟建的太阳能热风发电站高塔

第六章
光伏发电

相对于太阳能热发电，光伏发电的整个设施要简单一些，主要利用的是太阳辐射中的光能而不是热能，光能作用于太阳能电池产生电能，规模可大可小，因此使用面也就广得多。

第一节 光伏发电的基本原理

一 光生伏打效应

某些物质（某些类型的半导体或某种化合物）具有光电效应，当受到光线照射时，电子与空穴会分别向两极集中而产生电动势（即电压）。这种效应也被称作“光生伏打效应”（“伏打”就是指电压），光能直接转化为电能。

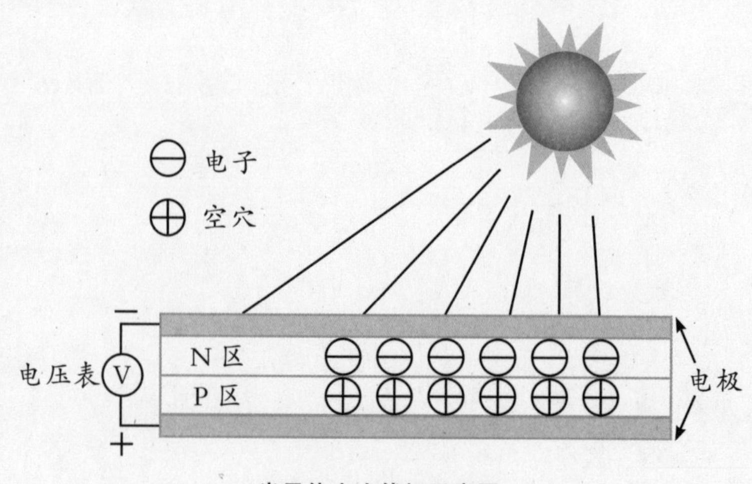

半导体光生伏打示意图

你知道吗

电子与空穴

一般情况下，在一个原子的原子核周围具有一定数量的电子，原子核中带正电的质子数量与周围带负电的电子数量相等，所以原子呈电中性。当电子脱离了原子，这个缺失了电子的原子就成为“空穴”而呈正电性，电子呈负电性。某些物质具有这种性质，其电阻率界于金属与绝缘材料之间，被称为半导体。光敏半导体受到光线照射后，电阻率立即下降，电子通过负载向空穴方向移动。

二　光伏发电发展的过程及现状

1799年，意大利科学家伏特（伏打）把含食盐水的湿抹布夹在银和锌两种金属板中间，堆积成柱状，制造出最早的电池——伏打电池。1839年，法国物理学家贝克勒尔发现，用两片金属浸入溶液构成的伏打电池，受到阳光照射时会产生额外的伏打电势，他就把这个现象称为光生伏打效应（即光伏效应）。

伏　特

“伏特”是电动势（电位差或电压）的单位，为纪念意大利科学家伏特而命名。

1伏特相当于1安培恒定电流通过一个电阻，这个电阻消耗功率为1瓦时的电位差。光生伏打就是由光能转化为电能的电动势。

1883年，有人发现了固体光伏效应。同年，第一个硒制太阳电池由美国的一名科学家制造出来。20世纪30年代，硒制电池及氧化铜电池已经被应用在一些对光线敏感的仪器上，例如光度计及照相机的曝光计。

现代化的硅制光伏电池直到1946年才被开发出来。1954年，硅制光伏电池的转化效率（电能与光能的百分比）提高到6%左右。1958年，光伏电池首次被应用于美国人造卫星“先锋1”号上，此后人造卫星与空间站的电源都采用了光伏发电。

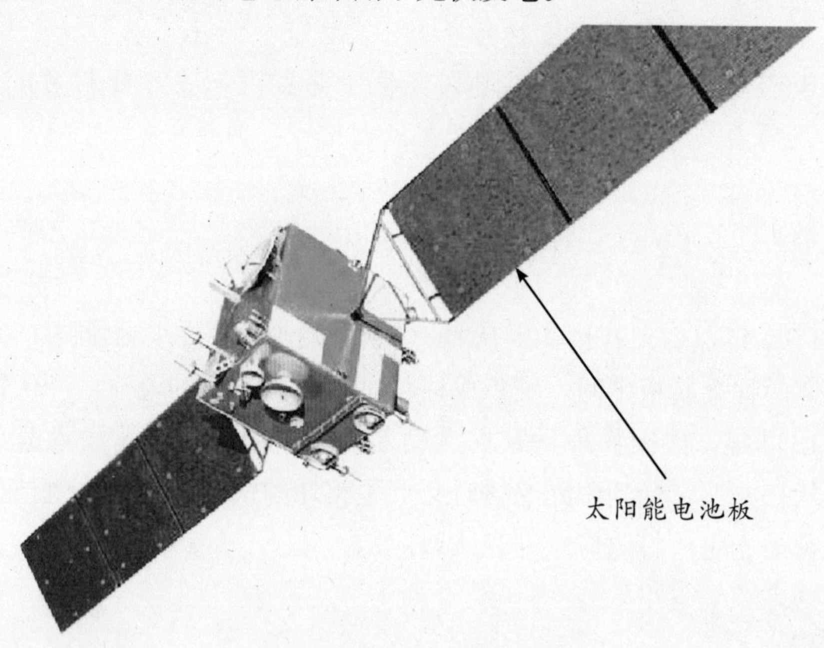

“嫦娥二号”上的太阳能电池板

硅太阳能电池一般可分为三类——单晶硅太阳能电池、多晶硅太阳能电池和非晶硅太阳能电池。其中单晶硅太阳能电池的效率最高，非晶硅太阳能电池的成本最低，多晶硅太阳能电池则介于二者之间。另外还有多结砷化镓太阳能电池，在高度聚集的强光下，其光电转化率比硅电池高出近一倍。据IBM公司称，目前实验室里多结砷化镓太阳能电池的最高光电转化率已达50%，产业生产转化率可达30%以上，但应用于生产上其难度比硅电池高，成本也较高，在使用上受到一定的

限制，并不适用于小型发电场所。

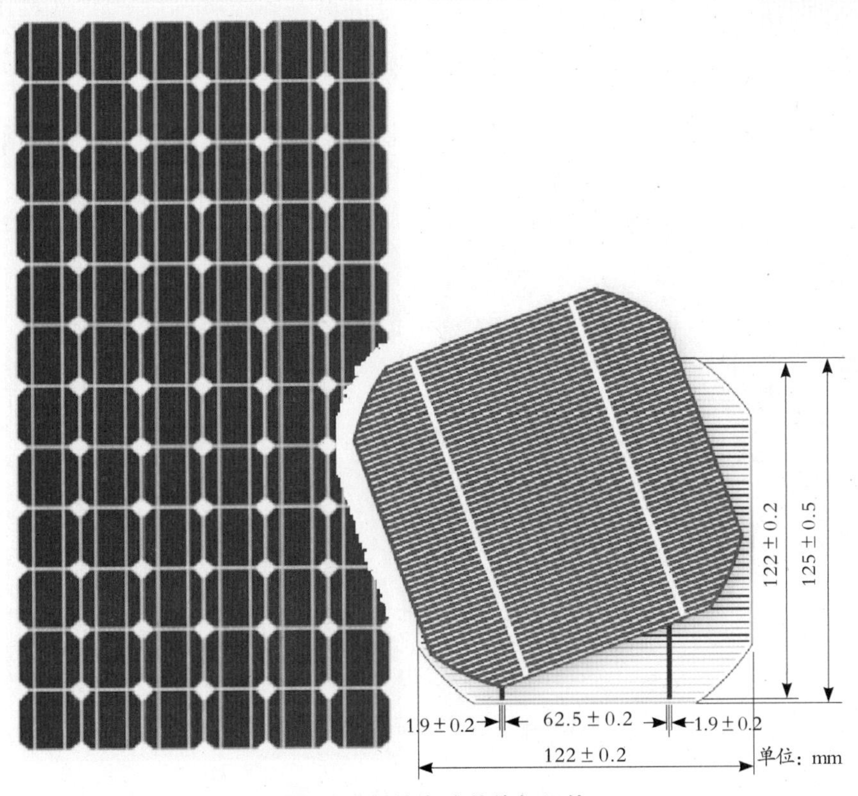

单晶硅太阳能电池单片与组件

利用硅在稀氢氧化钠溶液中的各向异性腐蚀，在硅片表面形成3～6微米的金字塔结构（称作“绒面”），这样光照在硅片表面便会经过多次反射和折射形成减反射织构，降低表面反射率，增加了对光的吸收。

经过改进，目前硅（单晶）光伏电池的效率一般可接近20%，在实验室里则可以达到20%～30%。效率的提高使光伏发电的成本大为降低，这就可以推广进入许多领域，如家用，甚至大规模发电供工业应用。实际应用的光伏电池都由多个单片光伏电池通过串联、并联组成有一定电压、电流输出的光伏电池板。2011年全世界光伏发电装机容量达2020万千瓦，其中德国约占一半，我国也达到300万千瓦，较上年增长了3倍。目前，我国大陆和台湾省是世界上最大的

太阳能电池板生产基地。2010 年我国光伏电池产量（不包括台湾省）达 80 亿瓦，占全球总产量的 50%，居世界首位；2011 年前 8 个月的产量已接近 2010 年全年产量，大部分向国外输出。

上海世博会主题馆屋顶的光伏发电装置

又据报道，我国的光伏元件研究团队已经制造出全球光电转化率最高的宽波段纳米等离子薄膜太阳能电池，证明纳米技术能在下一代太阳能电池领域大有作为。此外也有报道说，美国最近研发了一种“串聚型聚合物太阳能电池”，用对太阳光谱中不同的谱段敏感的聚合物分层叠合，可利用更多的太阳辐射（光谱），因此效率高，成本也低。另外美国还报道，有一所大学开发了一种叫做铜锌锡硫化物，能够产生吸光的墨水，能很快地印制电池片，如果生产组件的话，成本会很低。

近日，英国《新科学家》杂志网站在报道中指出，在理论上，除了热发电与光伏发电，还有第三种方法，就是直接利用太阳光的热能来发电。而且，美国科学家使用钨丝制造的设备称之为“阳光捕获器”就做到了这一点，其光电转化率高达 37%，性能优于目前最好的硅太阳能电池，但尚未应用于实际。

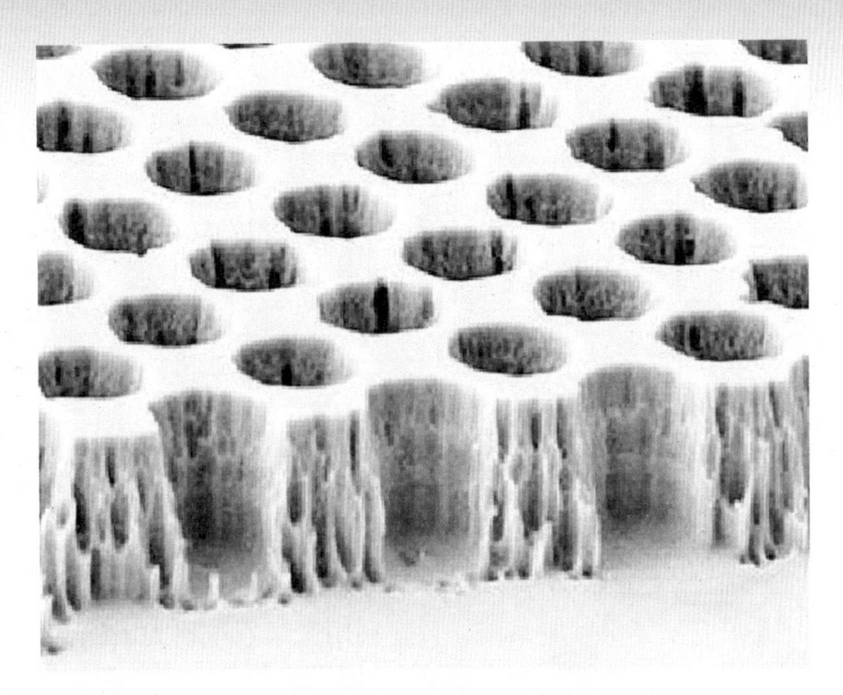

“阳光捕获器”所用钨的显微结构

你知道吗

串联与并联

电路中的元件有时需要多种连接，以适应电路需要。例如手电筒需要较高亮度时，就要用亮度较大的电珠，较高的输出电压，而一般的干电池输出标称电压是1.5伏，如果用三节电池的阴极与阳极连接，就可得到4.5伏的电压，这是串联。如果需要得到较大的输出电流，那就要用多节电池，阳极与阳极连接在一起，阴极与阴极连接在一起，这是并联。在许多情况下串联与并联可以同时应用，电压与电流都相应增加。太阳能电池的单片输出电压、电流都比较低，因此要有一定数量的单片，通过串联、并联，组成一块有较高输出功率的电池板（有数据表明太阳能电池每平方米的输出功率大约为120瓦）。

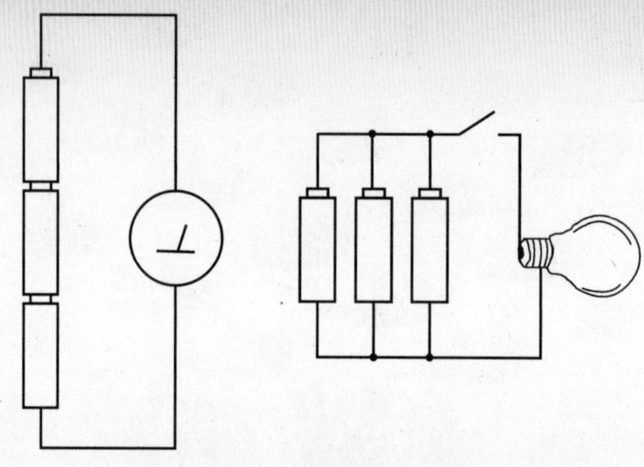

电池的串联与并联示意图

三　光伏发电的新发展

其一是聚光型光伏发电系统，它是利用光学系统将太阳能汇聚在太阳能电池芯片上，利用光伏效应把光能转化为电能的发电技术。用经济和环保的光学元件替代部分昂贵的太阳能电池芯片，使单位面积的发电量得以提高。聚光的方式大体上可分为透镜聚焦方式和反射聚光方式。

聚光型光伏发电板的聚光装置

其二是在太阳能电池板中加入了冷却水通道，降低了电池板的温度，提高发电效能，又获得了热水，但电池板的成本提高了许多。

其三是薄膜太阳能电池，首先它的半导体层不是用晶柱切片来制作的，而是分层沉积起来的，厚度不到 1 微米，不足晶体硅太阳能电池厚度的1/100，因此可以大大节约原料，从而降低成本。它的底板也可以不用玻璃而改用塑料，因此柔软可以弯折，重量也轻。接近透明的薄膜可以安装在窗户玻璃上，在发电的同时，减少了进入室内的光线与热量，并且安装极为方便。2009 年 11 月 16 日，全球第一条双线双结大面积硅基高效薄膜太阳能电池项目生产线在我国南昌高新区宣布竣工并试产。这是目前世界上在建科技水平最高、规模最大、技术最先进的 8.5 代薄膜太阳能电池项目。

一种薄膜太阳能电池

薄膜太阳能电池板安装中

第二节　光伏发电站现状及展望

一　光伏发电的优势

光伏发电一个很大的优势是，规模可大可小，一个家庭，一个单位，甚至一个单独的用电器（如一盏灯、一部手机）都可以采用。这里所说的光伏发电站主要是指规模较大，可以向电网供电的太阳能光

伏发电站。作为全国能源发展总体方案中的一部分，发展绿色能源应该是放在第一位的。光伏发电站是清洁能源的优选。除部分缺少阳光（包括纬度过高）的地区以及寸土寸金的地区以外，都可大力发展光伏发电站。

二　主要问题

目前光伏发电的主要问题在于单位电力的成本方面。因此，一方面随着生产的发展，太阳能电池板及相应设备的价格可能不断下降；另一方面有些国家为鼓励发展光伏发电，采取了不同水平的政府补贴措施。

为了在晚间也能有一定的电能输出，光伏发电要有一定的蓄能措施，可以实际应用的蓄能措施主要是利用蓄电池蓄能，但这就要增加不少成本。

2011 年 7 月 24 日，我国国家发展和改革委员会出台关于完善太阳能光伏发电上网电价政策，提出了光伏发电站并网送电的标杆价格，每千瓦时 1.15 元（今后批准新建的，每千瓦时 1 元），这将大大激发各地建设光伏发电站的积极性。从全国和各省区来说，最重要的一点是政府牵头，通过调查研究，全面规划，因为有些地区荒漠面积大，但用电量却不太大，这就需要进行全盘规划。

三　世界光伏发电概况

据报道，2010 年年末全世界光伏发电装机容量较上年增长 72.6%，达到 398 万千瓦。2011 年的数据显示，全球累计安装量达 674 万千瓦，较 2010 年增长 70%，创历史新高，意大利和德国成为全球装机容量最高的国家，占全球市场的 60%。2013 年至 2015 年，我国连续三年新增装机容量全球排名第一。预计到 2020 年我国光伏装机容量累计将达到 150 吉瓦。

山东东营 7 兆瓦太阳能光伏并网发电站

四　光伏发电站的选址

光伏发电站应选择日照较好，空旷，平坦，排水好，没有盐蚀或硫化，无其他利用规划的地点，与电网距离较近，交通与供应比较方便，不与民居、农田相邻，没有动物滋扰。发电站的规模首先不取决于地块的大小和投资多少，而取决于该地区的发展对电能的需求（热发电站选址也相同）。

第七章
打开光伏发电站的大门

前面对光伏发电站介绍了很多，究竟它是怎样建设起来的？发电站有哪些设备？起哪些作用呢？

第一节　光伏电池板

一　光伏电池板

在光伏发电站首先看到的是很多排列整齐的光伏电池板。具有一定规模的光伏发电站，必须认真选择光伏电池板的种类与型号，设计光伏电池板的排列与安装。单块电池板的尺寸，可由生产厂家按客户不同要求而设计。电池板成排安装，要求有牢固的基座。一般不与地表平行，这既能在一定程度上节约用地面积，又能适应当地（不同纬度）的太阳最佳入射角。由于每天从早到晚太阳照射的角度不同，因此有的光伏发电站的电池板做成可在一定范围内左右（东西方向）转动的，以取得最佳光照效果。如果光伏电池板的仰角（南北方向）也能随四季太阳入射角不同而调整，就成为较全面的跟踪型（双轴跟踪型）光伏发电。这样做显然要增加建设成本，但电能的产出也相应增加。据测算，双轴跟踪型的光伏电池板的电能产出可能超过固定型的40%，因而产出同样的电能，光伏电池板的面积可以减少约29%，电站占地面积也会相应减少，或者说由于每天的电能输出增加，大大缩短了投资回报周期。

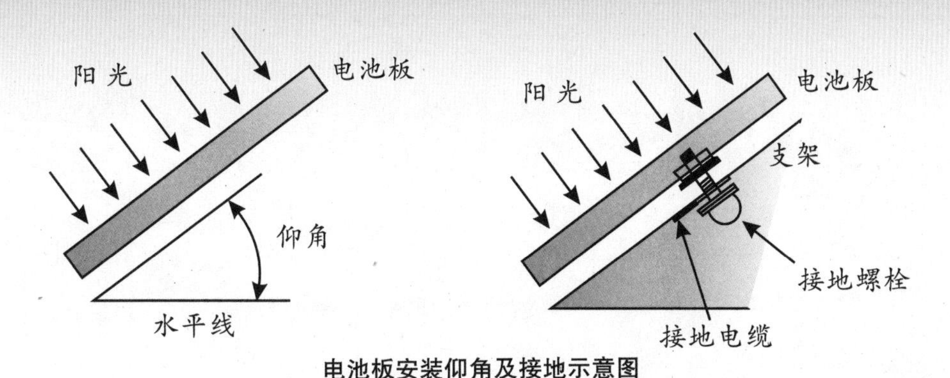

电池板安装仰角及接地示意图

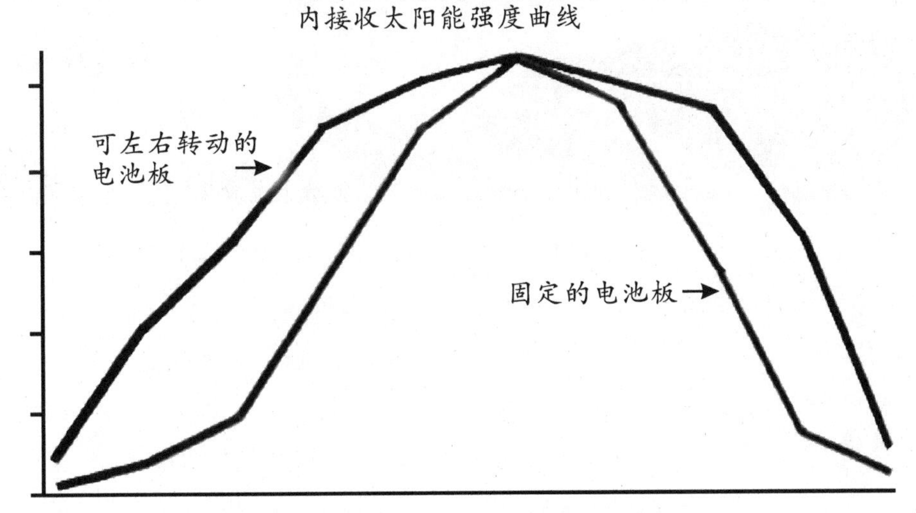

固定的电池板与可以左右转动的电池板效能比较

二　电池板安装

按理说，光伏电池板装置的倾角应该就是当地的纬度，例如广州的纬度是北纬 23.13 度，那么光伏电池板对地平的倾角也应该是这个角度，光伏电池板的方位角（朝向）应该是正南。上面的说法应该是有道理的。(为什么这样说？你能说出其中的道理吗?）但实际上需要作些调整，方位角应比正南方向略偏西一点，因为实际测量中一天光照最强时是比正午略晚一些，而对地平的最佳倾角应考虑当地的实际情况，比纬度略高或略低，这与当地的海拔、地形等因素有关。总之

一种双轴跟踪型光伏发电电池板的支架

应当以一年四季，一天的早、中、晚最大限度地接受光照而又互不阻挡为准则（一年四季中太阳的直射点的纬度也是不断地变动的）。如北京最佳的太阳能电池板仰角是35度（纬度39～40度），要在国家体育馆有弧度的屋顶上密集安装太阳能电池板，考虑到可能会出现电池板前后遮挡的情况，于是将每个架子设定为18度夹角。电池板应切实接地，并有防雷装置。

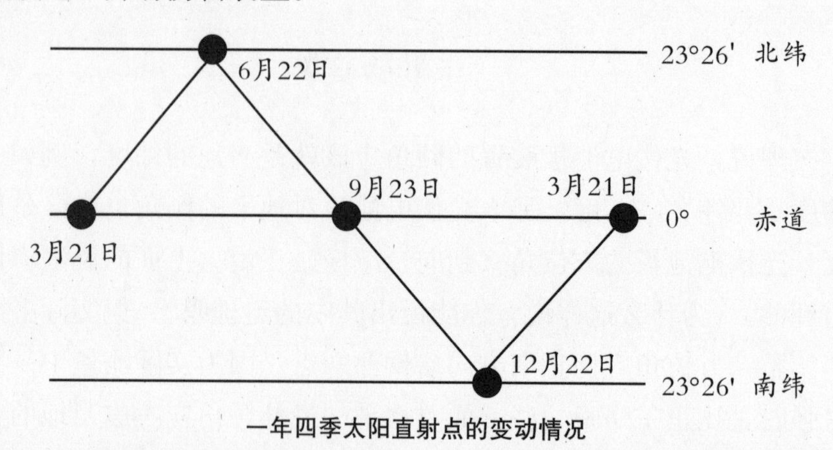

一年四季太阳直射点的变动情况

地名	纬度f/度	仰角调整量/度
北京	39.8	f+4
太原	37.78	f+5
兰州	36.05	f+8
上海	31.17	f+3
合肥	31.85	f+9
广州	23.13	f−7
南宁	22.82	f+5
昆明	25.02	f−8

一些城市太阳能电池板安装仰角理论调整量

三　太阳能电池板的清洁问题

无论是哪一类型的太阳能电池板，由于要保证其效率，其表面必须经常保持清洁，特别是沙尘较多的地区，一般都可以用水洗刷。在大多数情况下，正常的降雨量就可以保持太阳能电池板玻璃的清洁。一种能自行进行清洁的太阳能电池板已由美国麻省理工学院开发，目

珠穆朗玛峰大本营太阳能电池板的保洁

的主要是应用在火星车上，这项技术并不需要大量投资，因此地球上的光伏发电站也可参考采用。这项新技术的原理是，干燥的尘土粒子都是带电的，当我们在电池板表面通 2～3 分钟微弱的交流电（正、负半周期），就可把带正、负电荷的微细尘埃除掉。

第二节　储能及逆变装置

一　储能

在光伏发电站里，除组合的电池板外，最基本的装置是储能装置（储能是许多新能源的共同问题）。因为光伏发电的特点是白天发电，每天的早、中、晚，以及在阴、晴、雨、雪天气里的发电情况都不相同，为能均衡输出电能，必须把白天的电能蓄积起来，以便在晚间或需要时输出。储能的途径很多，包括储热（用于太阳能热发电站）、储氢，方式有机械储能、电容储能、超导电磁储能及化学储能，可根据所发的电能功率和电网状况来进行配套设计。目前光伏发电站较普遍应用的储电装置是蓄电池组。除普通的铅酸蓄电池外，现在又研发了多种性能优良的新型蓄电池，如镍镉蓄电池、镍氢蓄电池、锂蓄电池和钠硫蓄电池等，其价格与性能也有所区别。当电池板发电时，蓄电池处于浮充状态，这种状态由接入电路的控制器来控制。太阳能热发电的储热比较方便，一般不需采取其他的措施。

镍镉蓄电池

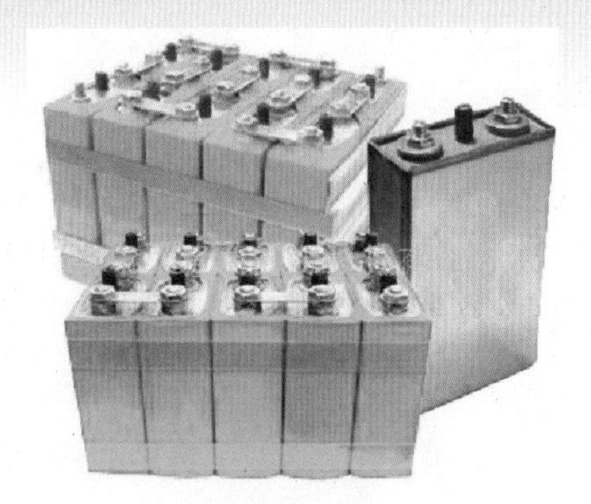

镍氢蓄电池

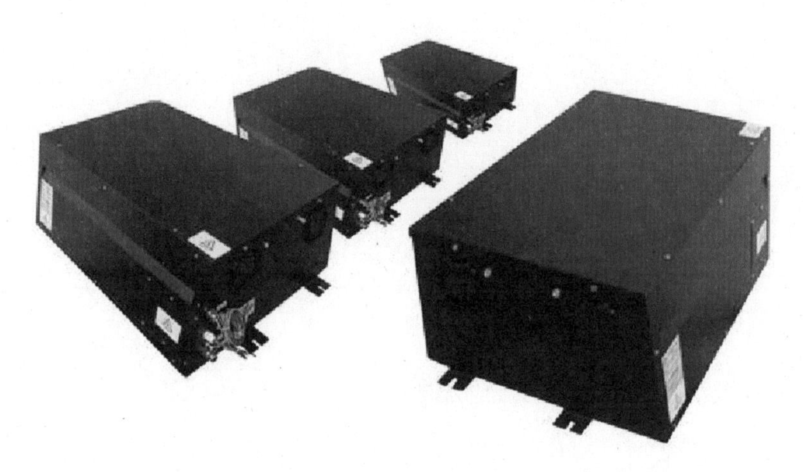

锂蓄电池

二　逆变器

光伏发电站并网的目标是要解决相关地区的电力供应问题，必然的途径是将光伏发电站的电能转变为交流电。由于光伏发电站不可能完全负担一个地区的电力供应，应并入当地电网或高一级的电网，因此必须将光伏发电站的电能转变为与电网相适应的交流电。直流电变交流电是通过一种称作逆变器（因为它与交流电变直流电的整流作用相反，所以称作“逆变”）的电路来完成的。实用的逆变器的原理和电子电路比较复杂，就不在这里作详尽的介绍了。假设有一个高速旋转的换向开关，把直流电源的正、负极轮流接入负载电路，就可以输出方波交流电（方波中包含了复杂的谐波），再通过相应的电路修饰就可以成为正弦波。实际上不可能采用机械方式，而是通过一个电子逆变器（电路比较复杂，在这里不作详述）把光伏发电站发出的直流电变成正常的工频交流电，再通过变压器把电压提升到电网电压。因此一座光伏发电站应具备储能逆变器和变压设备等，这些在建设成本中占相当大的比例。

如果要接入的电网是高压直流输电，那也必须先通过交流升压，再变成高压直流。

你知道吗

谐　波

“谐波”一词起源于声学，在声学中谐波的存在可以使声音更动听。谐波是主波的二次、三次与更高次的倍频，电磁波的谐波会使纯正弦波发生畸变，破坏正常的波形，方波（与其他畸变波）就是正弦波与其多次倍频的复合。谐波是具有破坏性的，必须治理，否则影响其他正常波形的正常工作。

工　频

工频一般指市电的频率，在我国是50Hz/s，其他国家也有60Hz/s的。“Hz”的中文译名是赫兹，含义是周波/秒。

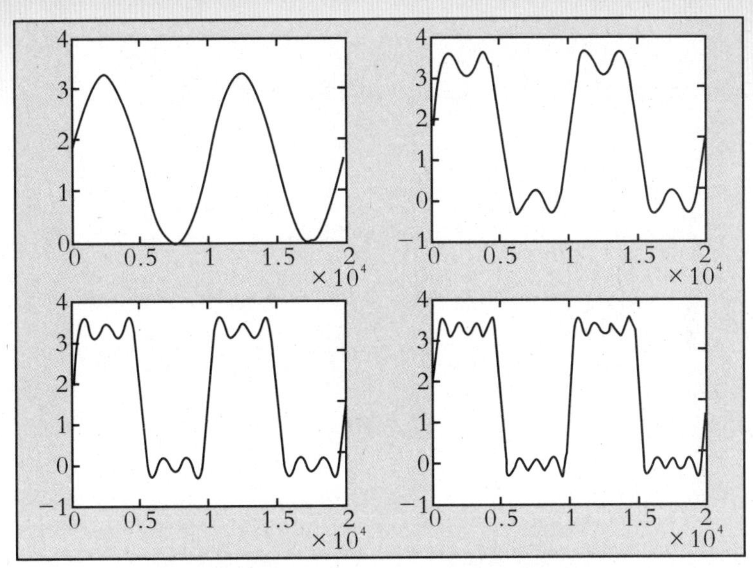

正弦波与它的二次、三次、四次谐波的复合

三　给电网输电的相关问题

前文已经提到过，无论是太阳能热发电还是光伏发电（个别的小规模运用除外），都要解决好并入大电网的问题。由于太阳能发电有白昼与黑夜的差异，除上面已说过的储能外，并入大电网以后，由于大电网最主要的负荷是工业生产，白天消耗的电能大于晚间的，这样就可适当平衡。还可以采取一些其他措施，例如有些地区实行了“风光（发电）互补”。高高的风力发电柱建在光伏电池板的行间，对电池板采光影响不大，而且可以大大提高土地的利用率，特别适用于晚间风力大于白昼的地区。2004 年，我国南澳风力发电厂成功并网投入商业化运行。其系统中采用的 100 千瓦太阳能光伏发电设备，为目前国内首个并网、进行商业化运行的太阳能光伏发电系统。这样除有利于充分利用土地资源外，还可以共用送变电设备和管理人员，降低了运行成本。

2011 年 7 月 25 日，亚洲首个柔性直流输电示范工程——上海南汇风电场柔性直流输电工程投入正式运行。由于受环境条件限制，清洁能源发电（包括太阳能发电站）一般装机容量都比较小，供电质量不高并且远离主网，因此今后建设的太阳能光伏发电站对主网的连接，也可以考虑类似柔性直流输电的方法。

第八章
小型光伏发电及照明

以上所介绍的主要是有较大发电能力，可以并网担负一定地区电力供应的太阳能发电站，同时也说过光伏发电有其独特的优势，就是规模可大可小（最小的光伏发电设备是可以放进口袋的手机充电器），这一章就介绍一些这方面的应用。

第一节　单位和家庭的光伏发电

一　主要目的是节能减排

单位和家庭安装光伏发电设备，主要是为了节能减排，另外万一遇上市电故障，还可以作为备用电源。例如 2010 年上海世界博览会（简称上海世博会）的永久性建筑，大多都装有光伏电池板。世博会的零碳馆区就为家庭光伏发电提供了范例。

上海世博会零碳馆样板房屋顶的绿化和光伏发电

你知道吗

上海世博会零碳馆

上海世博会零碳馆是中国第一座零碳排放的公共建筑，主题是节能减排。其中有六套专门设计建造的居住示范样板房，千方百计做到零碳（二氧化碳）排放。其主要能源就是安装在屋顶南坡的太阳能光伏发电系统和生物质能（食品废弃物和有机质混合，通过生物降解过程，产生电和热），得到的热、电量完全可以满足建筑全年的能量需求。其他措施还有太阳能风力驱动的吸收式制冷风帽系统和江水源吸热制冷系统，以及采用雨水收集和中水回收技术等。

二　家庭光伏发电

有些国家为鼓励家庭采用光伏发电，采取了优惠措施，让家庭的光伏发电也可以向电网输送电能，并由政府按优惠价格给予补贴。我

家庭“电厂”

们在国内也找到了实例。上海有一位市民在他家的屋顶建造了光伏发电站（总面积为22平方米的硅晶光伏电池板阵），全年约可发电3000千瓦时，可节省电厂发电3000千瓦时所消耗的标准煤1140千克，减少排放二氧化碳3.6吨。2006年12月以来，除满足家用外，还向电网输送了1万千瓦时以上的电能。经试验成功配套使用的新型双向电表，当向电网输电时，电表就倒转，抵充电价。这是一个可以推广的灵便措施。

可以正、反向转动的电表

据报道，2013年4月，安徽省合肥市一位市民也在自家楼顶上进行太阳能发电，并且也能把多余的电卖给了国家电网。2012年，这位市民花费两万多元，陆续从网上订购了7块太阳能电池板，建成了自家的小型“发电厂”。2013年3月，他家的“家庭电厂”成功通过我国国家电网公司的设备验收，成为安徽省首个家庭光伏并网发电项目。截至目前，我国国家电网公司经营区域内共有43户家庭光伏电站并网发电，累计发电731.61万千瓦时。

第二节 光伏照明

一 小范围内使用或单个灯具照明

LED的发展与光伏发电可谓相得益彰。小规模的光伏发电功率一般较低，而LED的特点是采用直流供电、功耗低、光照度高、寿命长，很适合与光伏电池板配套使用。LED对常发生振动和气候极端的地区而言是一个不错的选择。

你知道吗

LED

LED是英文Light Emitting Diode（发光二极管）的缩写，它是一种把电能直接转换为光能的半导体器件。它的结构是把能将电能转化为可见光的半导体材料封装在透明的环氧树脂内，有正极、负极两根引线，使用低压直流电源。LED的发光效率是白炽灯的4～5倍。LED的另一特点是本身的发光颜色可依输入电压的高低而变化，如电流小时LED为红色，随着电流的增加，依次变为橙色、黄色，最后为绿色，当然也有专发白光的LED。小功率LED的输入电压低于2伏，电流仅为几十毫安。

2010年上海世博会的LED照明引人注目，特别是主干道上巨大的“阳光谷”，上面安装有大面积智能全彩全色温LED，随时变换色彩与图案。

二 光伏LED照明的适用范围

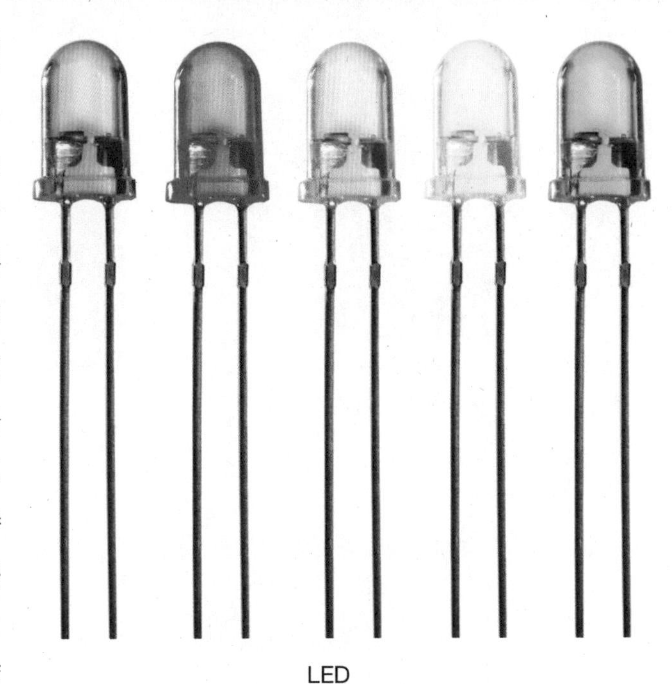

LED

光伏LED照明较适用于室内照明、楼道灯、草坪灯、杀虫灯、警示或信号灯、市内与近郊的路灯等，还可用于制作大型彩色广告屏。它安全、节能，可省略电线、电缆，还可以移动（交通信号灯特别适用）。加上一些设备后还可以实现自动控制，例如控制蓄电池的过充电、过放电，开、关路灯功能，定时点亮、天黑自动点亮、延时点亮、自动跟踪点亮等功能。据生产单位介绍，LED的寿命是普通路灯的4倍，LED路灯在近12年内无需更换。此外，LED路灯最大的优势在于省电。如果将全国二级以上公路两旁的普通路灯全部换成LED路灯，一年可节省电量近50亿千瓦时，经折算等于节约标准煤200万吨，减少二氧化碳排放100万吨。此外还有可以安装在水底的LED灯。多年来人们认为高速公路的照明灯因为要求照度高，普通的LED灯似乎还不适用，但近年已开发出240瓦和480瓦大功率的LED路灯，其照明效果超过400瓦和800瓦高压钠灯，已经被用于我国和国外的某些高速公路。据报道，LED路灯已经顺利地运用在我国深圳全长100多千米的高速公路上，这是科学技术方面的一大进步。

大功率水下 LED 彩灯

太阳能草坪灯

高速公路上 480 瓦 LED 照明灯

各种交通警示灯

三 公共建筑物的光伏 LED 应急照明

除上述应用外，光伏 LED 照明还适用于许多公共建筑物的应急照明。安全法规明确规定，高层公共建筑物（包括宾馆、办公楼、医院等）和运动场、剧院等必须安装与市电分开的应急照明指示系统，在发生火灾、爆炸、地震或其他自然灾害时，断掉市电，同时自动开启应急照明系统，指明安全出口，有利于人员逃生撤退，以及有效地防止灾害或事故扩大；医院的手术室、抢救室也必须有应急照明。在这些场合中，将光伏 LED 作为应急照明是非常恰当的。

应急照明灯

四 其他方面的应用

其他方面的应用包括：监视探头（摄像）的 LED 照明或补充照明，可以在移动条件下使用。还有可以用光伏充电的放大镜 LED 照明，可以用光伏充电的带有 LED 照明的手机或手电筒，等等。

带 LED 照明的摄像头

第九章
太阳能与交通

在现代社会，交通是能源需求的一个重要方面，太阳能的利用当然会考虑交通，人们在这方面也做了很多努力。

第一节　陆上车辆

一　太阳能汽车

传统的汽车是用燃油作动力的，由于排放的废气（二氧化碳、氮氧化物与二氧化硫等）对环境产生严重的污染，加上油料是不可再生能源，供应日趋紧张，这些迫使人类必须要进行一场汽车的“动力革命”。目前，电动汽车已有成批生产，有的大城市的公共交通也已逐步开发电动汽车（不同于过去的有轨、无轨电车），也有一些小汽车采用氢能源。

服务于上海世博会的电动公交车

在交通方面，科技界开始把目光转向太阳能。有一些车，虽然号称太阳能汽车，实际上只是用光伏发电解决车内照明或空调问题而已。真正的太阳能汽车以光伏发电作为动力，可以做到真正的“零排放”。1982 年，两名澳大利亚人用玻璃纤维和铝制成了一部“静静的完成者”太阳能汽车。汽车顶部装有能吸收太阳能的装置，给两个电池充电，电池再给发动机提供电力。两人驾驶这辆车从澳大利亚西海岸的珀斯出发，横穿澳大利亚大陆，于 1983 年 1 月 7 日到达东海岸的悉尼，实现了一次伟大的创举。据说，目前此类太阳能汽车的车速最高能达到 100 千米/时以上，而无太阳光时最大续行能力也在 100 千米左右。（来自http：// baike. baidu. com/view/444514. htm）此外研究人员还研制了太阳能和其他能源混合驱动的汽车。1984 年 9 月，我国首次研制的“太阳号”太阳能汽车试验成功，并开进了北京中南海的勤政殿，向中央领导报喜。据报道，我国潍坊市汽车厂制成一款太阳能汽车，车的外形类似普通汽车，该款车的特点之一是车顶的电池板可以双向弯成弧形使车顶圆滑。

我国潍坊试制的太阳能四座汽车

据报道，澳大利亚新款太阳能汽车装配了400个硅太阳能电池，现最快速度可达到87千米/时，刷新了保持23年之久的太阳能汽车速度纪录，成为吉尼斯世界纪录中世界最快的太阳能汽车。

时速87千米的太阳能汽车

除太阳能汽车外，也有人试制了一些小型太阳能车辆，如老人车、童车、残疾人车等。这类车辆除安全外，一般无别的要求，因此可能已有实际应用。

太阳能小车

另一种太阳能汽车

二 火车

火车是长途运输、载重量大、速度快的重要陆上交通工具。最初的火车是通过燃烧煤得到蒸汽作动力的，现在基本上已淘汰了，改用内燃机的机车来拉动整列火车。上世纪以来发展的是电力驱动的“火车”(磁悬浮列车、地铁、动车组、高铁)，由电网供电。但由于火车要求的驱动力大，显然不可能用车上的太阳能电池来作为动力。不过，据报道，2011年6月6日，第一列太阳能“绿色火车”驶离比利时北部城市安特卫普。据介绍，该列火车运行所需电力全部由16000块设置在高速铁路隧道顶部的太阳能电池提供。为了防止对自然环境造成破坏，铁路上方覆盖了隔板，形成全长3.6千米的隧道，隧道顶部被认为是放置太阳能电池板的最佳位置，太阳能电池板总面积达50000平方米。

第二节　太阳能船舶

一　水上船舶

太阳能船舶也有各种不同大小、功能之分。迄今试制的太阳能船舶，有不同种类、形式，包括游艇、小型货船等。这些试制的船舶大半主要运行在内河和较平静的水域。

瑞士生产的太阳能游艇

二　大型海船

目前已经出现大型的太阳能海船，船上安装有铝制的太阳能风帆，既可利用风力推动，又可将风帆转至一定角度，借由太阳光提供能源（当然船上还备有蓄电池及其他动力源）。

安装有太阳能风帆的大型船舶

值得一提的是，由瑞士设计、德国制造，被命名为“图兰星球太阳”号的太阳能双体船，全部以太阳能作动力。其船长 31 米，宽 15 米，排水量为 60 吨，最快速度可达每小时 15 海里，相当于时速 25 千米，可载 50 人，航行时很“宁静和干净”，造价约 2400 万美元。

你知道吗

双体船

人类最早使用双体船是由于发现将两艘船横向连接在一起，可以从内河到海上航行而不容易翻船，早期曾将这种方法用在帆船上，建造了双体帆船，这种帆船在海上可以承受较大的风浪，具有更大的甲板面积和舱容。20世纪60年代后，随着海上高速客运的迅速发展，高速双体船被普遍看好，成为近几十年来高性能船中发展最快、应用最广、建造数量最多的一种。典型的高速双体船使用两艘瘦长的带推进器单体船，上部用甲板桥连接，甲板桥上部安置上层建筑，内设客舱、生活设施等。高速双体船由于把单一船体分成两个片体，使每个片体更瘦长，从而减小了兴波阻力，使其具有较高的航速和承受较大风浪的能力。目前其航速已普遍达到35～40节（1节＝1海里/时）。由于双体船的宽度比单体船大得多，其稳定性明显优于单体船。双体船不仅具有良好的操纵性，而且阻力峰不明显。（来自 http://baike.baidu.com/view/287423.htm）

据制造商称，该船电池储存的能量能在缺乏阳光的情况下维持大约3天的航行。该船首航即进行环球之旅。2010年9月27日载6名船员，从摩纳哥出发，开始环球旅行。“图兰”这个名字取自约翰·罗纳德·瑞尔·托尔金的小说《指环王》，意思是“太阳的能量”。“图兰星球太阳”号的全球航行总里程约4万海里，全程完全依靠太阳能驱动。这艘船横跨大西洋，穿过巴拿马运河，横越太平洋和印度洋，最终取道苏伊士运河回到地中海。为了尽可能多地获取太阳能，“图兰星球太阳”号尽量沿着赤道航行以获得尽可能多的日照。该船中途停靠的港口有美国纽约和旧金山、澳大利亚达尔文、中国香港、

新加坡、阿联酋首都阿布扎比以及法国马赛。2011 年 8 月 15 日抵达中国香港，停泊于尖沙咀海港城海运码头直至 8 月 22 日离开，而后继续航行。

“图兰星球太阳”号在环球航行中

“图兰星球太阳”号抵达中国香港

第三节　太阳能飞行器

太阳能飞行器也就是以太阳能为动力的飞机，许多国家都做了试验。

从理论上说，只要能追上地球自转的速度，使自己永远在阳光下照耀，太阳能飞机就能持续飞行，时间取决于部件的寿命极限。但实际上，飞机要跟上地球的脚步，需要以接近两倍音速飞行，事实上这在目前还做不到，如果飞机上有先进的蓄能装置，又另当别论。有人说地球上有些地方，半年白昼半年黑夜，这样的话太阳能飞行器不是可以飞行半年以上吗？但那是阳光斜射、光照薄弱的高纬度地区，实际上是做不到的。

你知道吗

马　赫

“马赫”是音速（声音在介质中传播的速度）的单位。音速在不同高度、温度，不同介质等状态下有不同的数值，海平面的空气中音速为1224千米/时。航空器飞行速度接近音速时，将会逐渐追上自己发出的声波。声波叠合累积的结果，会造成震波的产生，进而对飞行器的加速产生障碍，称之为“音障”，突破音障后又可正常飞行与加速。

美国在20世纪80年代初研制出“太阳挑战者”号单座太阳能飞机。该飞机翼展长14.3米，翼载荷为60帕（60牛每平方米），飞机空重90千克，机翼和水平尾翼上表面共有16128片硅太阳能电池板，在理想阳光照射下能输出3000瓦以上的功率。这架飞机1981年7月成功地由巴黎飞到英国，平均时速54千米。美国还研制了一架“太阳神”号太阳能飞机，整架飞机仅重590千克，比小型汽车还要轻。“太阳神”号在外形方面的最大特点就是有两个很宽的机翼，其机身长2.4米，而活动机翼全面伸展时却达75米。2001年由地面两名机师透过遥控装置“驾驶”，在10小时17分的飞行中，“太阳神”号达到22800米的目标高度。研究人员预计“太阳神”号最高可飞到30000米高空，超出喷气式客机飞行高度3倍多。可惜在2003年6月26日，“太阳神”号在试飞时，突然在空中解体，坠入夏威夷考艾岛附近海域。事后经调查，“太阳神”号在空中飞行36分钟时突然遭遇强湍流，引起两个翼端向上弯，致使整个机翼诱发严重的俯仰振荡，超出了飞机结构所能承受的扭曲极限。

原始的太阳能飞机“太阳挑战者”号

单座太阳能飞机

2003年一名瑞士探险家提出太阳能飞机环球飞行构想，计划驾驶太阳能飞机，经过五次起降实现环球昼夜飞行，这一计划被命名为“太阳脉动”。不着陆的太阳能环球飞行（晚间由蓄电池保持飞行状态）在2011年进行，这是太阳能飞机历史上首次载人做昼夜、长距离飞行。“太阳脉动”号飞机有4台10马力的电动机，11628片太阳能电池板，其中机翼上10748片，水平尾翼上880片，巡航时速70千米，起飞时速5千米，最大飞行高度8500米。目前正在试验中的还有“阳光动力”号（又译作“太阳驱动”号）飞机，是一架完全依靠太阳能飞行、拥有与空客A340飞机一样长的翼展，重量只相当于一辆中等轿车的飞机。2011年5月13日，“阳光动力”号太阳能飞机从瑞士帕耶那机场起飞，途经法国和卢森堡，用12小时59分飞行630千米，于当晚9点在布鲁塞尔国际机场平稳着陆，成功完成首次跨国飞行。全球最大太阳能飞机“阳光动力”号项目总裁于2012年2月24日上午在瑞士迪本多夫机场完成连续72小时模拟驾驶太阳能飞机的试验，测试了长时间连续飞行过程中的人体反应，并为“阳光动

力”号将于2014年进行连续72小时环球飞行积累数据。在2012年，“阳光动力”号飞机开始环球旅行。

“阳光动力”号太阳能飞机

第四节　火星车

说起以太阳能作为动力的“车”，不由让人想起火星车来。从20世纪60年代开始，美国与其他国家发射了许多探测器。1975年8～9月，美国向火星发射了两个探测器，“海盗1”号和“海盗2”号，取得了发回的不少火星资料和数据，但那两“兄弟”是不会走路的，有很大的局限性。

2003年6月美国先后发射了一对孪生兄弟——“勇气”号与“机遇”号火星探测车，它们经历了约7个月飞行先后到达火星。原先设计的工作寿命是3个月，主要考虑到太阳能电池的寿命（积灰后无法发电），但实际上“机遇”号一直工作到现在，“勇气”号也是到2011年才失去联系。这证明了光伏发电在探索太空中的作用。美国在近期又发射一辆火星车“好奇”号，拟与“机遇”号协同工作，但“好奇”号已采用了核动力，弥补了光伏动力火星车的某些不足。

“勇气”号火星探测车

第五节　太阳帆

一　太空星际交通

时至今日，国内外都已认识到星际交通的重要性。迄今为止，人们对太阳系外的探索认识，都只能依靠望远镜。航天器近距离（太阳系内）的飞行虽然已比较成熟，但速度还是有限，航天器从地球飞向火星要 7 个月左右。2011 年 8 月 5 日，重达 4 吨的“朱诺”号木星探测器飞向茫茫太空，它飞行的动力来源于 3 块太阳能电池板。要经过将近 5 年完成长达 32 亿千米的漫漫征途，才能于 2016 年 7 月抵达太阳系最大的行星——木星轨道。要控制飞出太阳系的探测器更非易事（早年发射的“旅行者 1”号和“旅行者 2”号，经过 30 多年的飞行基本上已到达太阳系边缘，现在成了两个天际“漂流瓶”），以常规动力推动的航天器，能源、速度都不能达到远距离星际飞行的要求，必须另辟蹊径。于是科学家把注意力放到光速飞行上面。

“朱诺”号木星探测器

光 速

迄今为止，光线在空间传播的速度是物质运动的最高速度，其数值为 299792.50±0.10 千米/秒（一般取 300000 千米/秒）。爱因斯坦的广义相对论认为光速不可逾越，物质运动接近光速时，时间将会变慢。由此推论可知，如果超过光速，时光就会倒流。这就形成一个悖论，就像某些影视故事中，会见到早已去世的人物，这样如果一不小心就会改变历史。所以从理论上来说达到或超过光速是不可能的。但近年来有人称在实验中发现“中微子”，其运动速度可以超过光速，但受到众多质疑，最近证实是实验中有误差。

爱因斯坦

二 波粒二象性

20 世纪以前的科学家认为“波”就是波，“粒子”就是粒子，凡是粒子都有质量。到 20 世纪以后，许多科学家，包括爱因斯坦，通

过大量实验与理论探索，提出了“光子”的存在。光子是粒子，然而它又没有静止质量，但光线高速前进时，具有可以观测到的微量动能。由于在太空基本上没有阻力（仅受引力的影响），因此微量动能（具有定向的速度）就可以使受体扬帆前进，随着动能的积累，它就可以逐步提高速度，速度可以大大高于今天的航天器的速度。

你知道吗

光　子

光子是传递电磁相互作用的基本粒子，是一种规范玻色子。光子是电磁辐射的载体，而在量子场论中光子被认为是电磁相互作用的媒介子。与大多数基本粒子相比，光子的静止质量为零，在真空中的传播速度是光速。与其他量子一样，光子具有波粒二象性：光子能够表现出经典波的折射、干涉、衍射等性质；而光子的粒子性则表现为与物质相互作用时，不像经典的粒子那样可以传递任意值的能量，光子只能传递量子化的能量。对可见光而言，单个光子携带的能量约为 4×10^{-19} 焦耳，这样大小的能量足以激发起眼睛上感光细胞的分子，从而引起视觉。除能量以外，光子还具有动量和偏振态，但单个光子没有确定的动量或偏振态。（来自 http://baike.baidu.com/view/9448.htm）

三　太阳帆的实验

在这一理论基础上，一些科学家就设想，在宇宙空间（真空）中，可以用光子作为太空航行的动力，并开展了实验。2001 年 7 月 20 日，美国行星协会发射了“宇宙 1”号航天器，这是世界上首次使用太阳帆作为航天飞行动力的实验航天器，但它起飞后没能与第三级火箭分离，最终坠毁了。美国行星协会又制作了第二个“宇宙 1”

号，于 2005 年 6 月 21 日从一艘位于巴伦支海的俄罗斯潜艇 K-496 上发射，发射后与地球失去联系。美国行星协会也承认这次实验未能成功将航天器送入预定轨道。日本科学家设计并制造了命名为“伊卡洛斯”（IKAROS）的太阳帆（边长 14 米，厚 0.0075 厘米的聚酰亚胺帆板），在 2010 年 5 月随同金星探测器“晓”号一起发射升空。虽然“晓”号探测器经历了曲折，但据今日航天网 2011 年 1 月 26 日报道，日本“伊卡洛斯”太阳帆任务获得了成功。确认在计划的 6 个月时间内完美地完成了太阳帆所有的性能试验，成功地实现了加速和变轨。迄今为止，它已飞行了数亿千米（不是直线行进）。日本宇航探索局（JAXA）已将它的任务时间延长至 2012 年 3 月。他们还宣称计划在 2019 年或 2020 年发射一个比“伊卡洛斯”大 10 倍，前往木星的太阳帆，与美国和欧洲计划中的联合木星观测任务会师。

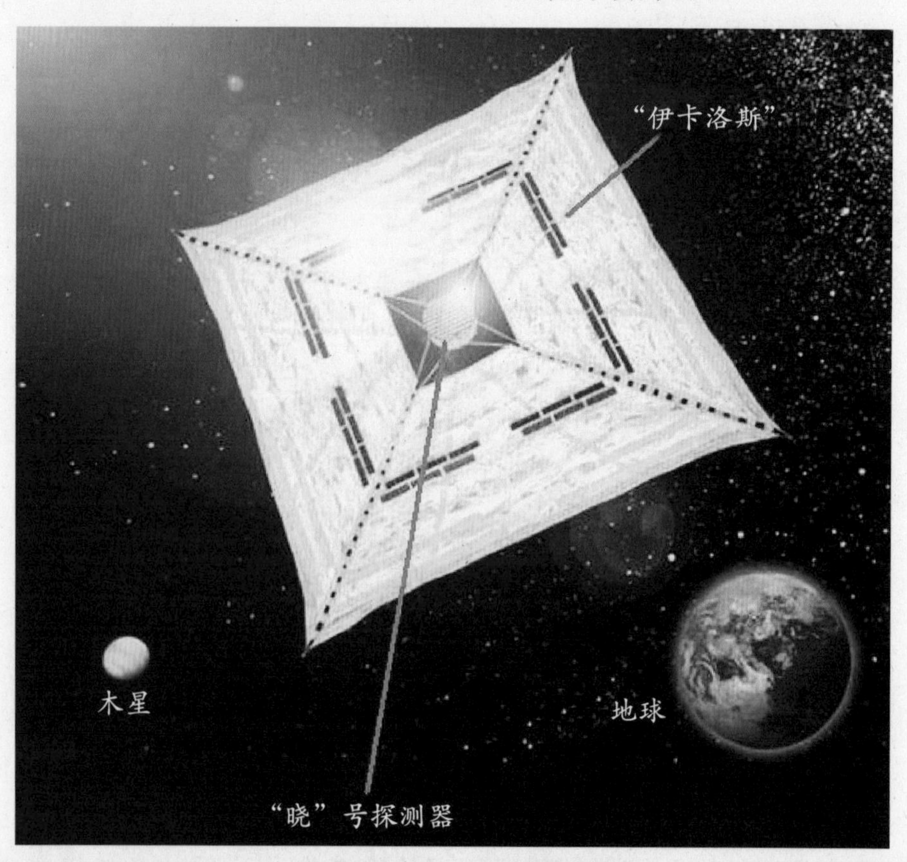

“伊卡洛斯”和“晓”号探测器

据计算，这个196平方米的太阳帆上受到的光子向前推动的压力约为0.2克。在没有重力和空气阻力的宇宙空间，这种力度将在没有任何损耗的情况下被积累起来，形成的动力可供加速和轨道控制，科学家通过改变太阳粒子撞击在这个银色帆上的角度，来控制“伊卡洛斯”。根据计算，在半年时间内，“伊卡洛斯”能够加速到100米/秒，其后当然还会继续加速。从理论上说，太阳帆的最高速度可以达到6000千米/秒。

除“伊卡洛斯”外，美国科学家还设想了一种“光子飞船”，凭借光子的反作用推力飞行，但这还仅停留在设想阶段，所以无法作具体介绍。

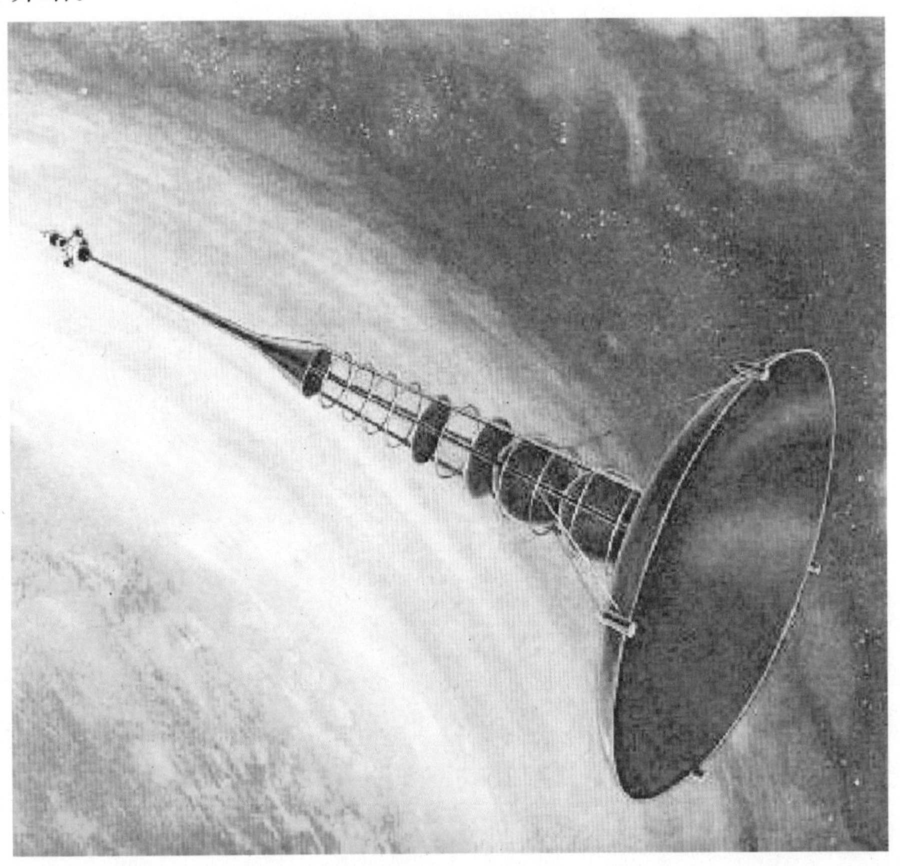

设想中的光子飞船

结尾的话

一 继续深入研究太阳

第一章里我们介绍了有关太阳的“前世今生”，涉及科技界对太阳研究的主要成果，但人类对太阳的过去、现在和未来的认知，至今尚有不少空白，有些相关问题还在争论（如光速能不能被超越等）。所以各国科研部门继续对太阳进行探测和研究，经常有一些新的发现来补充和修正之前的理论。2011 年 2 月美国国家航空航天局（简称NASA）宣布，通过 2006 年发射的一对“孪生”太阳探测卫星（简称STEREO），拍摄到了完整的太阳照片，人类才第一次真实地、完整地看到了“立体的太阳”，美国宇航局称此为“太阳物理学领域的重要发现”。为了观测 2013 年的太阳风暴，美国宇航局决定让这两颗太阳探测卫星飞到太阳的侧后方，继续为地球传回太阳背面的照片。形成太阳风暴的日冕抛射的物质到底是怎样的，以前天文学家只能通过它在日面上的投影来猜测，而现在已能直接拍摄到“有厚度”的三维结构。据悉，2018 年后，美国宇航局将实施“太阳探针”计划，发射飞行器掠过太阳附近，到离太阳只有几个太阳半径的地方，更近距离地观测太阳（地球离太阳有 216 个太阳半径的距离）。

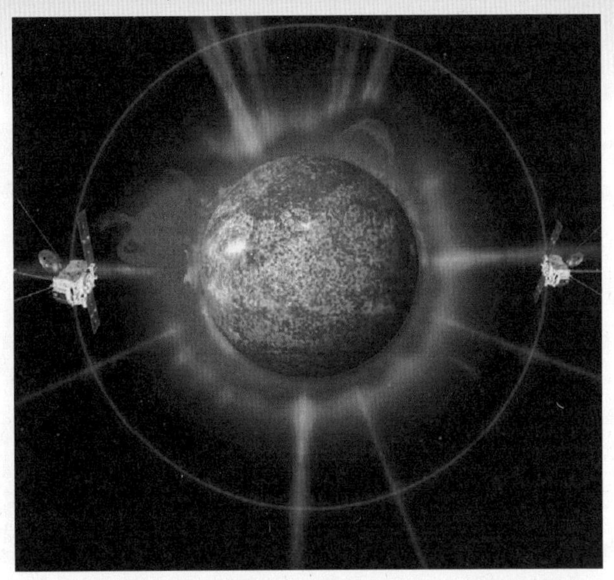

两颗太阳探测卫星处在相对位置对太阳进行近距离观测

二　把太阳能发电站放到太空去

大多数国家都认可太阳能必须深入探索，更好地开发。总体来说是光伏发电比光热发电更受到关注，但存在的问题还有不少。例如，目前光伏发电的光电转换效率太低，怎样提高，还有大量的工作要做。有许多问题，还都是设想和计划，因此也就是对未来的展望。

例如，在地球表面设置太阳能电站，还存在不少问题。第一个问题是太阳能电站只有在白天有太阳光照射时才能充分产生电能，一年四季，阴晴雨雪也不同，高纬度地区更是难以利用光伏发电。第二个问题是地球上的大气层阻挡、吸收了大量光能。第三个问题是蓄能总存在一定的限度，包括技术、环境与经济方面，成本很高。所以科技界开始设想把太阳能光伏电站设到太空中，甚至月球上去。这个设想是在 1968 年由美国一名工程师提出的。其基本构想是在地球外层空间建立太阳能发电卫星基地，通过微波或激光将电能传输到地面的接收装置，再将所接收的微波或激光束转变成电能供人类使用。这种构想的最大优点是能充分利用太阳发出的能量。自 20 世纪 80 年代以来，空间太阳能发电系统的工作受到了国际上的广泛重视。技术实力

雄厚的美国和能源资源短缺的日本，大力开展了相关的各项研究工作，德国、俄罗斯等也投入了相当大的研究力量。

问题是如何把太空电站固定在一定的位置，这可以参照定点静止卫星的方法（定点在赤道上空 35786 千米的高度，在一般情况下，不需要动力来维持，与地球同步旋转）。用微波（或激光）输送电能是已经解决的问题，接收站可以设置在赤道相应地区的海面上。

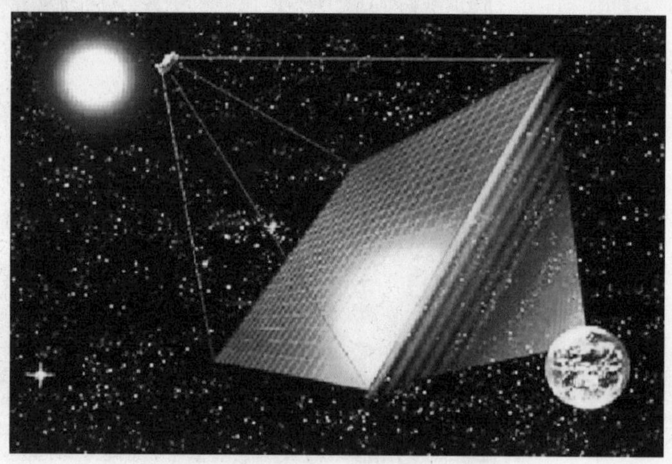

日本对太空电站的一个设想示意图（右下方是地球）

这种设想当然要通过试验来进行，关键的问题在于发射的装置重量大和建造投资大，特别是整个电站不可能通过一次发射到位，需要在空中装配与维护，人员操作比空间站出仓的难度还要大得多。

三　设想把光伏电站放到月球上去

既然已经有了把光伏电站放到太空的想法，能不能把设想更进一步呢？那就是把光伏电站建到月球上去。如果你认同前一个想法的话，那么把光伏电站建到月球上就不是天方夜谭。这里有两层意思，一是在月球上建电站，不是飘在空中而是建在月球上，有它更实在的一面；二是早在 1969 年 7 月，美国“阿波罗”飞船先后 6 次将 12 名宇航员送上月球。第一位踏上月球的宇航员阿姆斯特朗，在脚踩月球时说了一句名言：“这对个人来说只是一小步，但对人类来说却是一大步。”最近几年又重新考虑登月，并采取了实际行动。现在的登月不是重复“阿波罗”计划，而是深入考察并准备在月球上建立基地。我国实施了“嫦娥”工程。日本的“月亮女神”号探测卫星在 2007

年9月中旬发射升空，2009年6月11日结束使命。美国声称，拟在2018年再度实施登月。印度也发射了月球探测器。

登月的一步

你知道吗

“嫦娥”工程

“嫦娥”工程是我国探月工程的名称，总的计划包括“绕、落、回”三个步骤，“绕”是绕月探测，“落”是把月球车落到月球进行探测，“回”则是运回采集的材料、标本，并为载人到月球作准备。“嫦娥一号”于2007年10月24日，在西昌卫星发射中心由“长征三号”甲运载火箭发射升空，完成任务后于2009年3月1日在控制下成功撞击月球，撞击过程中拍摄了月球近距离照片。“嫦娥二号”在2010年10月1日升空，在“嫦娥一号”的基础上进一步选择“落”的地点，考察环境，完成任务后，于2011年6月9日飞向深空，执行其他任务。2013年12月14日，“嫦娥三号”携带“玉兔号”月球车成功实现月球“软着陆”，完成了“落”的任务。

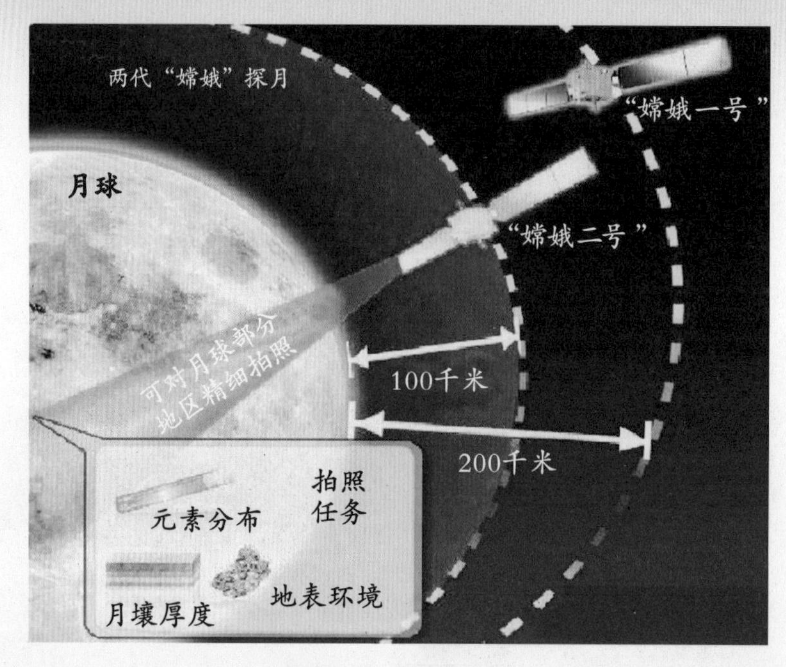

我国的“嫦娥”工程

由“嫦娥三号”送上月球的月球车模型

日本科学家初步设想的月球发电站，称为“月环”，它是在月球赤道建设一个光伏发电带，逐步拓展，最后宽达400千米。设计为环

月的发电带是为了最大限度地利用日照，它在月球的背面也布满光伏电池板和输电缆。电能在被转化为微波束和激光束以后，由数条直径达 20 千米的天线将它传回地球的接收站，这些都设在月球面向地球的正面。

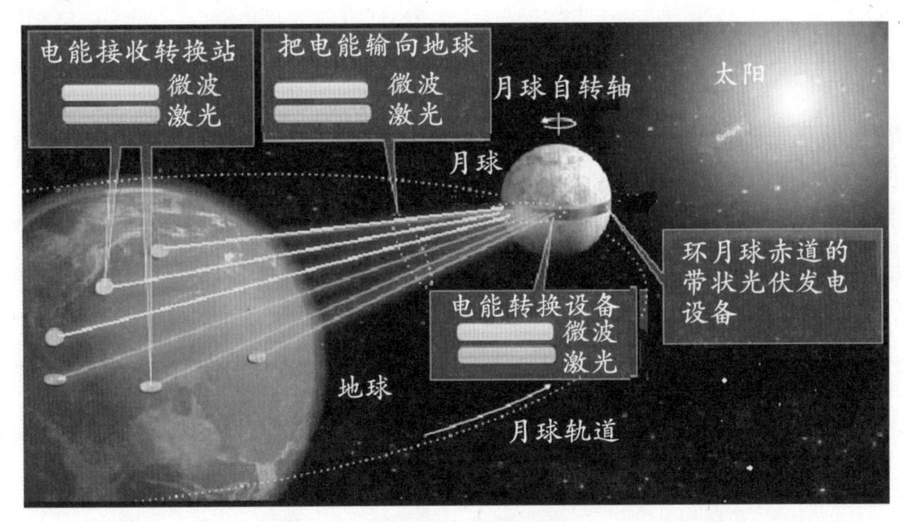

“月环”发电示意图

到底是采用地球静止轨道发电，还是在月球上建造电站？地球静止轨道高度只有 35786 千米，而月球离地球却有 30 多万千米，看起来是近的比较方便。然而静止轨道是悬浮在空间的，月球上却可以着地。国际空间站的平均高度约为 345 千米（我国的“天宫一号”的高度也相似），人员要出舱组装和维护很不容易，需全身武装，动作比较艰难，危险性极高，短时间内就要返回舱里生活和工作。

在月球建立基地的目的是深入勘察月球，开发月球资源，将其作为空间探测的中转站等。各种基地都包括人员的生活区和工作区。建设材料与机械，乃至生活资料，都要从地球运上去。基地人员生活和工作都要用电，建造光伏电站是必然的，要建大型电站不过是增加一些运量，就地装配比悬在空中装配会简单一些，当然，要把电能输回地球，还是要把电能转换为微波或者激光束，集中定向输回地球，需要与太空电站类似的设备，但不用担心远距离的损耗，真空中传输损

耗极小，一般只有1%～2%，损耗主要发生在地球的大气层内，月球上单位面积所接收的太阳光远强于地面（月球没有大气层），这些损耗是微不足道的。而在月球上建立基地（包括月球资源的开发，作为空间探测的中转站等）是必然措施，人类在月球上工作一定要有生活与工作的全套设施，建立月球太阳能发电站不过是增加一些人员和设施而已。

俄罗斯设想的月球基地模型

下面说说有关太空电站的新设想。

上面所述的太空电站是悬在空中的。不久前，日本研究人员认为“时机已经成熟了”，正式提出了建设“太空电梯”的计划，并绘制了草图。太空电梯的主要材料是碳纳米管。

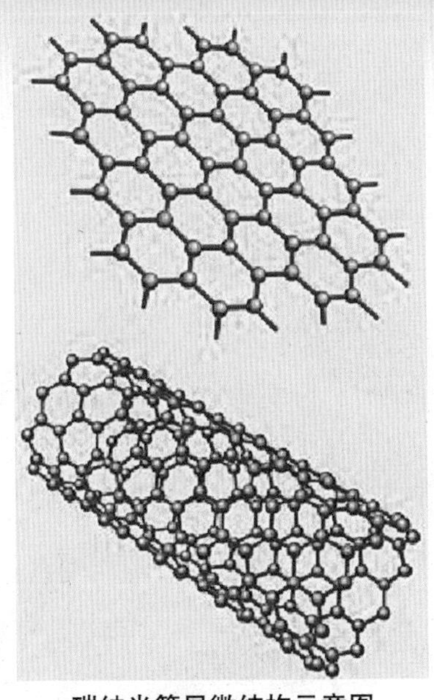

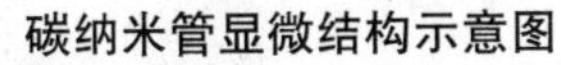

碳纳米管显微结构示意图

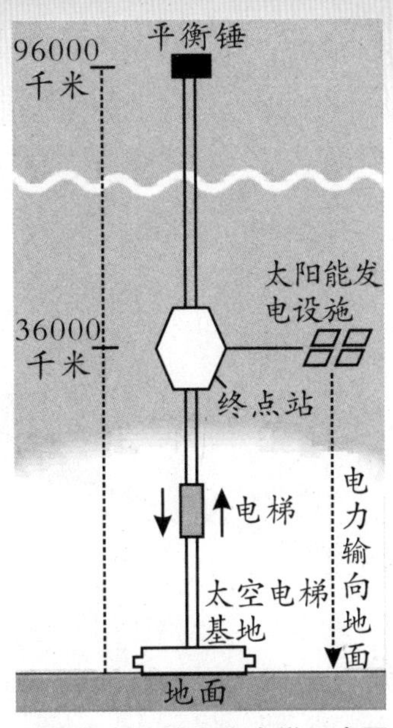

装设发电站的太空电梯示意图

按照这一设想，这座规模空前的电梯高度是地球同步静止轨道，这个高度能减少地球自转对太空电梯带来的损伤。为了支撑这样的高度，太空电梯的缆绳更长，达到 9.6 万千米，是月球到地球距离的四分之一。尽管采用了碳纳米管，太空电梯的底座也不会太小，为了不占用宝贵的土地资源，太空电梯将建在荒漠或大海上。太空电梯还可供人们上天旅游。

碳纳米管

1991 年日本 NEC 公司基础研究实验室的电子显微镜专家在高分辨透射电子显微镜下检验石墨电弧设备中产生的球状碳分子时，意外发现了由管状的同轴纳米管组成的碳分子，这就是碳纳米管，又名巴基管，英语中被称作“Carbon nanotube”。碳纳米管具有良好的物理性能，抗拉强度是钢的 100 倍，而密度却只有钢的六分之一。（来自 http://baike.baidu.com/view/2485.htm）

自太空电梯俯瞰地球表面示意图

2011年9月，我国一些科学家向国家发展和改革委员会报送了中国科学院学部咨询评议项目——“空间太阳能电站技术发展预测和对策研究”。这一项目由多名中国科学院院士和中国工程院院士完成。该项目第一步是建议国家发改委尽快抓太空电站的论证和顶层设计，以明确发展目标和指导思想，提出发展路线图和工程初始方案论证。第二步，在此基础上，在2020年前深化发展路线图、深入方案论证，提出关键技术和先期必须创造的条件，进一步深化发展路线，并逐步开展攻克关键技术和创造条件的工作。第三步，到2030年进行并完成整个空间站的研制，在轨实验和验证工作。最后在2040年建成商业性的太阳能空间电站。

在第九章中，我们谈到了太阳能与交通的问题，海、陆、空交通都进行了实验，有的已经在实际生活中得到了应用。但除了某些小型的陆上交通工具之外，虽然一些实验很有意义，但与实际生活仍存在距离。因为无论哪种交通工具，都要求能承载大量客、货，速度快和

安全性高，并能适应不良的气候条件。这些都不是靠在表面安装光伏发电板所能解决的。因此在交通上利用太阳能还不能广泛推广（这是应该设想的），还是应该用太阳能来制造其他绿色能源材料，再供交通工具使用。例如用太阳能制氢，应该是一种可以考虑的方案。太阳能制氢是近三四十年才发展起来的，到目前为止，对太阳能制氢的研究主要集中在如下几种技术：热化学法制氢、光电化学分解法制氢、光催化法制氢、人工光合作用制氢和生物制氢等。

太阳能制氢的一种实验装置

看来，无论是静止轨道还是月球上的光伏发电，都不是哪一个国家能独力进行的，只有通过国际合作才有可能实现，除技术问题外，还必然涉及经济、政治的方方面面。照目前比较复杂的国际关系看，很难预计何时会出现较好的形势。当然我们不能因此而止步不前，光伏技术和空间技术都要力争加快步伐，走到国际前沿，还必须制定与完善相关的技术标准。这绝不是靠一代人所能完成的，需要一代代付诸努力。对客观世界的认识是无穷无尽的，希望大家能更加努力学习与探索。

图书在版编目（CIP）数据

话说太阳能 / 翁史烈主编. —南宁：广西教育出版社，2013.10（2018.1 重印）
（新能源在召唤丛书）
ISBN 978-7-5435-7581-3

Ⅰ. ①话… Ⅱ. ①翁… Ⅲ. ①太阳能 - 青年读物 ②太阳能 - 少年读物 Ⅳ. ① TK511-49

中国版本图书馆 CIP 数据核字（2013）第 286573 号

出 版 人：石立民
出版发行：广西教育出版社
地　　址：广西南宁市鲤湾路 8 号　　邮政编码：530022
电　　话：0771-5865797
本社网址：http://www.gxeph.com
电子邮箱：gxeph@vip.163.com
印　　刷：广西大华印刷有限公司
开　　本：787mm × 1092mm　1/16
印　　张：9
字　　数：121 千字
版　　次：2013 年 10 月第 1 版
印　　次：2018 年 1 月第 9 次印刷
书　　号：ISBN 978-7-5435-7581-3
定　　价：29.00 元